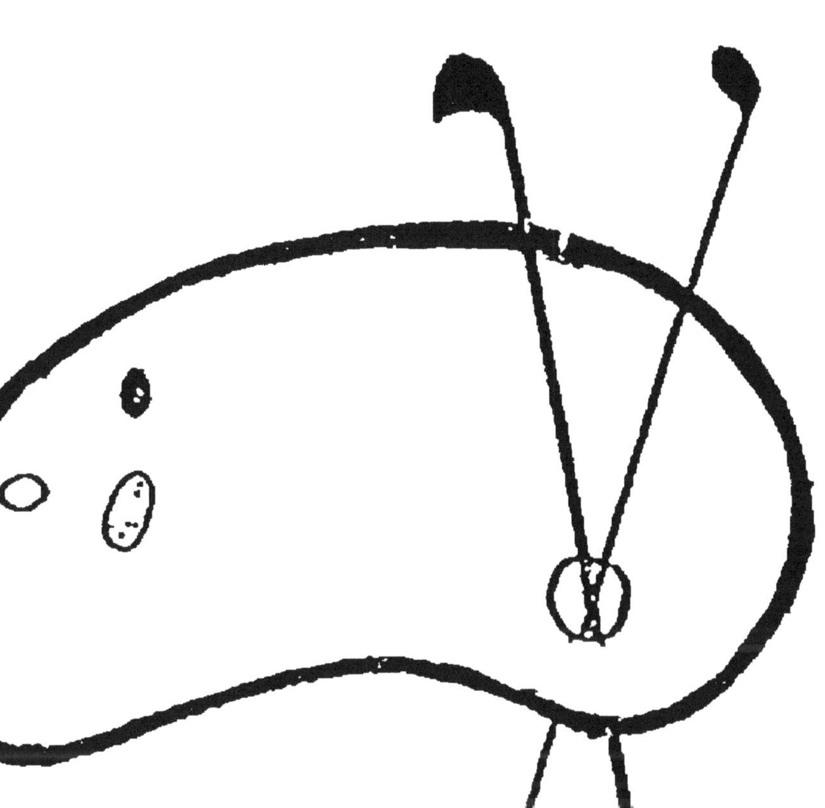

DEBUT D'UNE SERIE DE DOCUMENTS
EN COULEUR

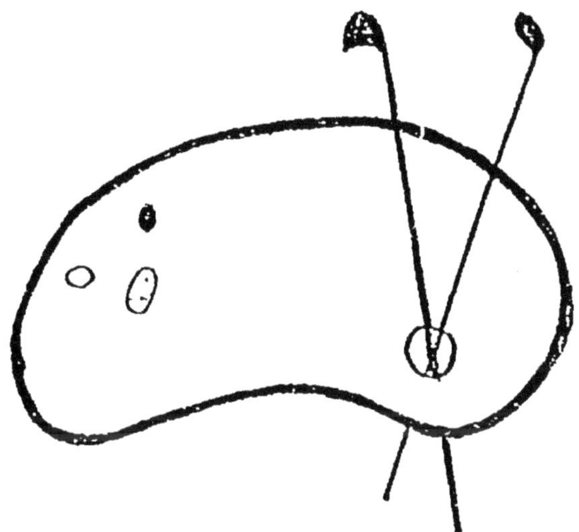

FIN D'UNE SERIE DE DOCUMENTS
EN COULEUR

LEÇONS DE CHOSES

D'APRÈS LE

MUSÉE INDUSTRIEL SCOLAIRE

DE

C. DORANGEON

LEÇONS DE CHOSES

D'APRÈS LE

MUSÉE INDUSTRIEL SCOLAIRE

DE

C. DORANGEON

PARIS

LIBRAIRIE CH. DELAGRAVE

15, RUE SOUFFLOT, 15

—

1884

LEÇONS DE CHOSES

D'APRÈS LE

MUSÉE INDUSTRIEL SCOLAIRE

DE **C. DORANGEON**

Une *leçon de choses* est une leçon faite sur un ou plusieurs objets, ou sur une classe d'objets, naturels ou travaillés, choisis parmi ceux qui servent le plus communément aux usages et aux besoins de l'homme.

Condition essentielle d'une leçon de choses. — Il est très important que la *chose* qui fait l'objet de la leçon soit mise sous les yeux des enfants, au moins sous l'une de ses formes communes. Si par exemple, dans une leçon sur le chocolat, on ne peut pas montrer une branche verte de *cacaoyer*, on montrera, au moins, une amande de *cacao*. De même pour le coton, il ne sera pas impossible de se procurer une graine enveloppée de sa bourre de ouate. Parle-t-on d'un métal usuel, du *cuivre*, du *fer*, de l'*étain*, il faudra que les enfants voient et touchent divers échantillons de ces métaux, qu'ils puissent connaître leurs minerais, constater la différence ou la ressemblance d'aspect, de couleur, entre le métal et son minerai, ainsi qu'entre ces divers métaux. Où le maître trouvera-t-il tout cela? Dans un musée scolaire destiné à ces leçons, dites *leçons de choses*.

1

Nous le répétons, pendant une *leçon de choses*, il faut que l'élève puisse voir, toucher, sentir, goûter au besoin la chose qui fait l'objet de la leçon.

Il est évident que si, un soir, à la campagne, par un ciel pur, vous apprenez à vos élèves à observer le lever des étoiles à l'est, leur coucher à l'ouest, à constater l'immobilité de l'étoile polaire, à reconnaître les principales constellations, etc., vous faites, en réalité, une leçon de choses, quoique vous ne touchiez pas les étoiles ; vous les voyez au moins, vous constatez leur mouvement apparent. Si, au contraire, vous faites la même leçon dans le jour, en classe, ce n'est plus une leçon de choses, les élèves n'en tireront pas grand profit.

Qualités que doit avoir une leçon de choses. — La *leçon de choses* doit se faire avec la *chose* à la main, sous les yeux des enfants ; c'est là la première condition pour qu'elle soit profitable : c'est incontestable, nous n'y reviendrons plus. Il faut en outre qu'elle soit courte : dix à douze minutes seront suffisantes pour le cours élémentaire ; un quart d'heure pour le cours moyen ; vingt à vingt-cinq minutes pour le cours supérieur et le cours complémentaire. Si elle est bien faite, la curiosité sera constamment en éveil, l'attention aussi, et la fatigue arrivera promptement. Si elle est ennuyeuse, elle sera tout de suite fatigante pour celui qui l'a fait comme pour les enfants ; alors elle ne saurait être trop courte, il vaut mieux s'en abstenir.

Le maître ne doit pas craindre de se promener entre les tables en montrant l'objet qu'il tient à la main ; il attirera l'attention des élèves sur ses qualités essentielles et utiles. Si c'est du *cuivre*, par exemple, il en fera constater le *poids*, la *couleur*; il mettra en parallèle celle du laiton, qu'on appelle quelquefois du cuivre ; il montrera des feuilles et des fils de cuivre, qui apprendront tout de suite la malléabilité et la ductilité de ce métal. Quand même il ne serait question que du *cuivre,* le maître devra le mettre en parallèle avec le *fer.* C'est par la comparaison qu'on juge le mieux des choses ; une feuille de tôle a une certaine rigidité, une feuille de cuivre est bien plus flexible, une feuille de plomb ou d'étain est tout à fait molle. Un fil de fer est difficile à briser, un fil de cuivre l'est moins, un d'étain ou de plomb ne présente qu'une résistance très faible. On montrera ensuite un minerai de cuivre, on attirera l'attention sur sa couleur, on la comparera à celle d'un minerai de fer. Les explications devront être sobres, et surtout toujours concorder avec ce sur quoi on a attiré l'attention des élèves.

Si on parle de la couleur des métaux usuels, de leur poli, il ne faut pas immédiatement débiter, avec abondance, tout ce qui de loin ou de près se rapporte au métal.

Tout ce que l'on dit doit pénétrer dans le jeune cerveau par les oreilles en même temps que par les yeux ou par les autres sens.

Si le maître traite des céréales, pendant qu'il énumérera les propriétés communes de leurs graines, la couleur jaune, la dureté, la blancheur de l'intérieur rempli de farine, il fera passer sous leurs yeux des grains de blé, de seigle, d'orge, d'avoine et attirera l'attention sur leurs différences sensibles de forme et de couleur. Il parlera ensuite de la germination et des conditions de la germination, si c'est dans un cours supérieur.

Il ne lui sera pas difficile de montrer des grains en pleine germination et de faire remarquer la nature herbacée de la jeune tige, le ramollissement du grain, etc.

Inconvénients d'une leçon de choses sans la chose. — Si vous parlez d'une substance amère, puis d'une substance douce, sans les faire goûter ; d'un objet rouge ou d'un objet vert, sans les faire voir, l'idée que les enfants en auront sera bien incomplète, non seulement parce qu'il y a toutes sortes de couleurs rouges et vertes, de saveurs

douces et amères, mais surtout parce que vous lui donnez
ces idées d'une façon abstraite, sans que, par ses yeux ou
ses autres sens, il en saisisse la forme, l'aspect, la dureté,
voire même l'odeur.

La mémoire pure, seule mise en activité par les mots
rouge, vert, doux, sucré, rond, s'empressera de les oublier,
ou de les confondre, ce qui n'aura pas lieu si l'objet a été
vu, touché, senti, parce qu'alors la *mémoire des sens* conserve l'idée concrète de cet objet, qui est rouge, rond,
dur, etc.

Ce n'est pas tout. Non seulement, dans ce cas, l'enfant
oublie ou confond les idées qui sont entrées pêle-mêle
dans sa tête, mais on manque le but principal de la leçon
de choses : *l'exercice des sens*. Sa curiosité n'est point
éveillée, il ne compare ni les formes, ni les couleurs, ni
les dimensions ; il pourrait entendre ainsi toute une biblio-
thèque, qu'il resterait incapable de reconnaître n'importe
quoi, d'apprécier et de distinguer les choses les plus communes.

Il semble que ce soit une vérité de La Palisse de dire
que les leçons de choses doivent être faites avec et par les
choses, et qu'il soit puéril d'y insister. Cependant, c'est à
peine croyable, on en fait beaucoup moins comme cela
qu'autrement.

Le maître n'a pas l'objet sous la main, il ne se le procure
pas toujours ; il en parle néanmoins, quelquefois même fort
bien, mais il ne le montre pas. Nous sommes convaincus
qu'une semblable leçon est au moins inutile, et c'est pour
cela que nous disons : il faut un musée scolaire dans toutes
les écoles, pour ne pas dire dans toutes les classes. Que les
élèves aidés du maître le rassemblent eux-mêmes, cela n'en
vaudra que mieux. Qu'ils se procurent des échantillons des
industries, des exploitations, ou du commerce du pays,
cela leur est facile ; qu'on leur achète les autres ; mais il faut
un musée scolaire dans l'école. *Le musée Dorangeon* a été

fait dans cet esprit, et pour répondre à cette condition essentielle des leçons de choses, qui, dorénavant, doivent être l'application fréquente d'une méthode d'enseignement aussi sûre que féconde.

Leçons de choses dans les différents cours. — Dans tous les cours, le maître se rappellera, nous ne saurions trop le répéter, qu'il doit détacher les objets de leur planche : *c'est là l'un des avantages du musée Dorangeon ;* puis les montrer de table en table, tout en donnant ses explications. Mais dans le cours élémentaire, et même dans le cours moyen, il n'attirera l'attention que sur les propriétés les plus apparentes, la forme quand elle a de l'importance, comme s'il s'agit de cristaux ou d'un objet travaillé ; la couleur, la dureté s'il parle du verre ou des métaux : la résistance si c'est du chanvre filé ou en filasse.

Dans le cours supérieur, il ira un peu plus loin : il ne se contentera pas de montrer un objet transformé par l'industrie, du cuir, par exemple, en même temps que de la peau ; il parlera sobrement du tannage, du tan : il en montrera avec de l'écorce de chêne, puis de la chaux : il parlera de son action sur les peaux et en général sur les matières organiques ; s'il s'agit de pierres, il ne se contentera pas de faire remarquer les divers aspects, la dureté, la couleur, etc. : il donnera quelques explications sur leur extraction, leurs propriétés industrielles, leur usage spécial.

Il donnera même à la fin de sa leçon quelque idée de l'importance sociale de l'industrie dont il aura parlé, surtout au point de vue de la France.

En montrant des échantillons d'une même substance à divers états de transformation industrielle, il excitera chez ses élèves la curiosité et le désir de connaître ces industries, les machines qui s'y rapportent, les substances qu'on y emploie ; peut-être même déposera-t-il dans l'un de ces jeunes cerveaux quelque germe d'invention qui se développera plus tard, ou quelque inclination, quelque disposition spéciale pour telle ou telle profession : ce n'est pas là l'un des moindres avantages de la leçon de choses bien faite.

But principal de la leçon de choses. — Malgré tout, que le maître se rappelle constamment que cette sorte de leçon a bien plus pour but l'éducation des sens et de l'intelligence que l'instruction proprement dite, et qu'il s'agit *plutôt* de provoquer l'observation, en excitant la curiosité, pour exercer les yeux en les mettant à même de comparer les nuances, d'apprécier les formes et les dimensions, de caractériser les aspects, en un mot de développer les sens et toutes les facultés par l'étude méthodique des choses, que de donner des connaissances soi-disant pratiques et détaillées, mais surtout superficielles, sur des objets que l'enfant apprendra à connaître plus tard, si cela lui est nécessaire.

Nous allons donner ici quelques leçons de choses qui pourront servir, sinon de modèles, au moins de guide pour ceux qui n'en ont pas encore une grande habitude.

Elles sont la substance même de leçons faites, à l'aide du musée Dorangeon, par quelques maîtres et maîtresses intelligents et expérimentés. Ceux qui voudront les prendre pour guide, devront leur donner davantage la forme d'une causerie, d'une conversation familière, dont l'allure, le caractère personnel doivent être l'œuvre du maître qui fait la leçon.

DISPOSITION DU MUSÉE DORANGEON

Le *musée industriel scolaire Dorangeon* se compose de 12 planches en carton, sur lesquelles sont suspendus les objets ou substances qui doivent servir aux leçons de choses. Il suffit de lire les épigraphes de chaque planche, pour en comprendre l'importance, la variété et l'ordre.

1ᵉ planche.

Alimentation { Les céréales.
Les pâtes alimentaires.

2ᵉ planche.

Alimentation { Les légumes.
Les épices.

3ᵉ planche.

Alimentation { Les boissons.
Les industries diverses.

4ᵉ planche.

Vêtement { Le lin.
Le chanvre.

5ᵉ planche.

Vêtement { Le coton.
Le jute.

6ᵉ planche.

Vêtement { La laine.
La soie.

7ᵉ planche.

Vêtement (chaussure) { Le cuir.
Les peaux.

8' planche.

Vêtement {
La teinture.
Le nettoyage.

9° planche.

Habitation {
Les pierres.
Le bois.

10' planche.

Habitation | La métallurgie.

11' planche.

Habitation {
Le chauffage.
L'éclairage.

12' planche.

Besoins intellectuels { Les industries diverses.

On voit que ce petit musée scolaire renferme, à peu près, tout ce qui a rapport aux usages les plus communs de la vie. Aussi peut-il servir à un très grand nombre de leçons de choses pour tous les cours.

Ainsi on pourra faire une leçon générale sur le titre qui est en tête de chaque planche, puis une plus spéciale sur chaque espèce de ses produits.

Par exemple, on fera, dans un cours supérieur surtout, une leçon générale sur l'*alimentation* et les *aliments*, puis une autre, dans n'importe quel cours, sur les *céréales*, une troisième sur les *pâtes alimentaires* et sur le *pain*.

De même, les habitations peuvent faire l'objet d'une leçon générale ; les pierres, le bois et le fer serviront à trois autres leçons plus spéciales.

A propos de la douzième planche, le maître fera une leçon sur le papier, sur l'imprimerie, etc., puis il pourra, dans une dernière leçon, parler de l'industrie en général, en rappelant comme exemple celles dont il a parlé dans les leçons antérieures ; il fera ressortir la solidarité, la dépendance des diverses industries, en citant toutes celles qui se rattachent soit aux *habitations*, soit aux *besoins intellectuels*.

REMARQUE. — *Nous suivrons l'ordre logique indiqué par le musée qui nous sert de guide.*

ALIMENTATION

(Planches 1, 2, 3.)

COURS MOYEN

L'appétit, la soif et quelquefois la faim nous rappellent, plusieurs fois par jour, que nous avons besoin de manger et de boire pour vivre et travailler. Nous avons cela de commun avec les animaux.

Si on n'éprouve pas régulièrement le besoin de manger, c'est qu'on est malade. Si au contraire, étant bien portant, on n'a pas de nourriture, ou si on en prend en quantité insuffisante, on maigrit vite, on perd ses forces, finalement on meurt après de vives souffrances. L'alimentation est indispensable à tout ce qui a vie. On appelle aliments tout ce qui sert à la nourriture.

Les hommes primitifs, comme les sauvages encore aujourd'hui, vivaient exclusivement de gibier, de poissons, d'herbes et de fruits sauvages.

Les hommes civilisés, en domestiquant les animaux et en cultivant les plantes, ont pu se procurer une nourriture meilleure et plus variée.

Les *aliments*, c'est-à-dire les substances dont on se nourrit, sont aujourd'hui extrêmement nombreux. Je ne vous en montrerai que les plus importants.

Ils proviennent tous des animaux ou des plantes. Le lait, les œufs, la viande proviennent des animaux ; le pain, les légumes, les salades, les fruits, les graines, etc., sont fournis par les plantes.

La chair des animaux est une nourriture plus forte, plus

substantielle que celle que nous tirons des plantes, mais il n'est pas sain de manger exclusivement de la viande; du reste, on s'en dégoûterait vite, et tous ceux qui en mangent beaucoup, l'accompagnent au moins d'un peu de pain.

Les viandes diverses s'accommodent de mille façons, mais on les mange toujours, ou presque toujours, cuites, c'est-à-dire grillées ou bouillies, et assaisonnées de sel et de poivre.

Les aliments, viandes ou autres, qui ne sont ni salés ni épicés sont fades; ils n'excitent point l'estomac et on s'en dégoûte vite.

Les viandes sont fraîches ou conservées. Elles sont fraîches quand on les mange quelques heures après la mort de l'animal. La viande de bœuf, de veau, de mouton que vous voyez à l'étal du boucher est de la viande fraîche. Le porc, la volaille, le gibier, le lapin et surtout les poissons se mangent aussi frais. Toutes ces viandes se gâtent vite, parfois au bout de quelques heures en été, alors elles sentent mauvais et sont malsaines; on éprouve du reste une répugnance invincible à les manger.

Viandes conservées. —Les viandes conservées sont salées ou fumées. Pour saler les viandes, on les empile par morceaux ou par tranches dans des barils, en les alternant avec des couches de sel. C'est comme cela qu'on sale le porc, la morue, les harengs. Les viandes salées peuvent se conserver plusieurs mois et même plusieurs années. Il n'est pas bon d'en faire un usage exclusif. Avant de les faire cuire on les dessale en les laissant séjourner dans l'eau. On conserve aussi le beurre et le fromage en les salant.

Les viandes *fumées* se reconnaissent à leur couleur brune et à leur odeur de fumée; elles sont pénétrées des produits odoriférants de la fumée de bois, qui les préservent de la putréfaction, comme le sel. Souvent une viande est salée avant d'être fumée. Les jambons fumés, par exemple, ont d'abord été salés ; à la campagne, on fume les jambons en les suspendant dans la cheminée pendant quelques mois. Qui de vous n'a vu et mangé du hareng ou du saumon fumé ?

On conserve aussi certaines viandes dans l'huile, par exemple, ces excellents petits poissons qu'on appelle des *sardines.*

Aliments végétaux.—Les aliments que nous fournissent les végétaux sont peut-être encore plus nombreux et plus variés que ceux qui nous viennent des animaux. Toutes les parties du végétal nous en fournissent. Ce qu'on appelle ordinairement navets, carottes, betteraves, radis, ce sont les racines de ces plantes-là : les tiges et les feuilles sont hors de terre, mais ce que nous en mangeons pousse dans la terre.

Dans le chou, nous mangeons les feuilles; dans le chou-fleur, les fleurs;

Dans l'asperge, la jeune pousse.

C'est la tige de la canne à sucre qui nous donne le sucre.

Les pommes, les poires, les noisettes, les cerises, les prunes, les oranges, le raisin, etc., sont des fruits; ils renferment une graine qui, mise en terre, pousse et reproduit la plante d'où elle vient.

Tous ces magnifiques fruits que vous connaissez et que vous aimez, ne sont si beaux et si succulents qu'à cause des perfectionnements apportés à la taille et à la culture des arbres fruitiers. Les fruits sauvages, les pommes et les cerises, par exemple, sont petits, et plutôt amers que sucrés ; la nature les destine uniquement à la reproduction de la plante, mais nous transformons leur nature par la culture artificielle, et ils s'emplissent pour nous d'une nourriture succulente et abondante.

Il est important de conserver des fruits pour l'hiver. On

y parvient par divers procédés : 1° en les desséchant par un commencement de cuisson ; c'est ainsi qu'on fait les pruneaux, les poires sèches, etc.; 2° en les mettant dans l'*alcool*, ou dans l'*eau-de-vie* qui n'est à peu près que de l'alcool moins fort.

Voici de l'eau-de-vie, voici de l'alcool *(planche 3)* ; comme vous le voyez, la première est jaunâtre, le second est incolore comme l'eau. Ces liquides tuent, comme la cuisson, les germes de vers ou d'insectes qui provoqueraient la pourriture du fruit. Le vinaigre, qui a la même propriété, sert aussi à conserver des fruits et des légumes. Les cornichons, les choux-fleurs, se conservent dans le vinaigre. Je vous parlerai plus tard du vinaigre, mais je puis tout de suite vous en montrer *(planche 3)*. Cela provient du vin aigri, vous en avez goûté avec la salade.

Graines. — Les *graines* proprement dites sont de beaucoup les aliments les plus importants.

Je vais vous en montrer de nombreux échantillons ; vous en connaissez au moins les noms.

Voici des haricots, des pois, des lentilles. Il y a des haricots blancs, d'autres sont rouges, certaines espèces sont panachées noir et blanc ; les pois secs sont verts ou jaunes, mais tous les pois nouveaux sont verts.

Les haricots sont allongés, et plus gros que les pois ; ceux-ci sont presque complètement ronds, les lentilles aussi, mais elles sont aplaties ; elles se distinguent encore par leur couleur.

Dans nos contrées, les haricots se plantent en mai et on en récolte les graines à partir de la fin de juillet ; les pois se sèment en avril et se récoltent dès le mois de juin.

Toutes ces graines se forment dans des *gousses* qui en contiennent huit, dix ou douze, quelquefois plus, et qui sont suspendues en assez grand nombre à des tiges grimpantes. Elles sont formées d'une substance nutritive analogue à la

farine de blé et de pomme de terre, et qu'on appelle *fécule ;*
il n'y a point de différence essentielle entre la farine et la
fécule. On dit : fécule de pomme de terre, farine de lentille,
farine de blé.

Les haricots, les lentilles, les pois, les fèves, ces grosses
fèves ridées, brunes, que vous voyez là, font partie de la
famille des plantes appelées *légumineuses.*

Céréales. — Quelle que soit leur importance dans notre
alimentation, elle n'égale pas celle des graines de la famille
des *céréales*, vous le comprendrez tout de suite, si je vous
dis que parmi celles-ci se trouve le *blé.*

Le blé, le seigle, l'orge, l'avoine, sont les principales
céréales. Le pain que nous mangeons tous les jours, à chaque
repas, est fait exclusivement avec de la farine de blé ; c'est
bien l'aliment le plus important. Tous les peuples en mangent, tout le monde l'aime. Il mérite à lui tout seul une leçon,
nous la lui consacrerons.

Pour terminer celle-ci, examinez et apprenez à distinguer
les grains de blé, de seigle, d'avoine et d'orge *(planche 1)* ;
goûtez-les, écrasez-en avec les dents pour découvrir la farine qu'ils contiennent.

RÉSUMÉ DE LA PREMIÈRE LEÇON

ALIMENTATION

COURS MOYEN

La viande est plus nutritive que les légumes et que les farines de céréales. Il ne faut pas en faire un usage exclusif.
Les viandes se mangent fraîches ou conservées. Les viandes
conservées sont : 1° les viandes fumées ; 2° les viandes salées ; on conserve les sardines dans l'huile.

La fumée fait pénétrer dans les viandes certains produits

propres à tuer les germes des vers qui pourraient provoquer la putréfaction de la viande.

Le sel produit le même effet.

L'huile préserve de l'air qui favorise la putréfaction.

Les aliments végétaux se conservent aussi très bien. On les dessèche, on les cuit, ou on les met dans l'alcool (les fruits par exemple). Les graines de *légumineuses*, haricots, pois, lentilles sont d'une très grande importance dans l'alimentation. Ces graines sont très nutritives. On les mange fraîches et sèches. Elles se distinguent les unes des autres, au premier coup d'œil, par la grosseur et la couleur.

Questionnaire. — Comment conserve-t-on les viandes ?

Pourquoi la fumée les conserve-t-elle ? Et les fruits ? Montrez des haricots, des pois, des lentilles, des fèves. Sont-ce des aliments nutritifs ? Quelle partie de la plante représentent-ils ? Qu'est-ce qu'une graine ?

LE BLE, LE PAIN, LES PATES ALIMENTAIRES

COURS SUPÉRIEUR

Les céréales étaient cultivées dès l'antiquité. On a retrouv
du blé dans les tombeaux de l'ancienne Égypte, il y était
depuis 4 ou 5000 ans; je vous dirai, en passant, qu'il possé-
dait encore le principe vivant qui le fait germer, car on en
a semé, et il a poussé.

Les principales *céréales* après le *blé*, sont : le *seigle*,
l'*avoine*, l'*orge*, le *sarrasin*, le *riz*, le *millet* et le *mais*, qui
est une espèce de blé.

Vous voyez là des *épis* de blé, d'avoine, d'orge, de
millet, de seigle; ils sont fixés à l'extrémité d'une tige fine,
jaune „ dure, qui avait de 1 mètre à 2 mètres de hauteur,
dans le blé et le seigle, avant qu'elle ait été coupée; c'est
cette tige, débarrassée de ses grains, qui constitue la paille.
Dans le seigle et dans l'orge, l'enveloppe du grain se ter-
mine par une barbe rugueuse qui le fait distinguer au premier coup d'œil; dans l'avoine chaque grain se balance à
l'extrémité d'un *pédoncule*; cela fait tout de suite également
reconnaître l'avoine.

L'épi de millet est formé d'un nombre considérable de
petits grains serrés les uns contre les autres. Vous savez
que le millet sert à la nourriture des petits oiseaux.

Les grains, comme les épis, se distinguent facilement
quand on les a vus une bonne fois avec attention. Tous sont
d'un jaune ou d'un gris plus ou moins pâle, excepté ceux
de riz qui sont blancs.

Les grains de maïs, deux ou trois fois aussi gros que ceux du blé ordinaire, sont légèrement translucides. Celui de sarrasin est presque noir. Tous ont, près de leurs extrémités, comme une petite cicatrice, une légère proéminence, très visible sur le grain de blé : c'est là qu'est le germe qui se développera dès que le grain sera en terre.

Toutes les graines de céréales contiennent de la farine, c'est pour cela qu'elles constituent un aliment précieux pour l'homme et pour les animaux.

Pour l'en extraire, on écrase le grain dans un moulin ; l'écorce jaune reste d'abord mélangée à la farine, c'est ce qu'on appelle la farine brute ; vous en voyez ici *(planche 1)*, elle a une légère teinte jaune. Cette farine est passée à travers des tamis à mailles plus ou moins serrées, en soie ou en crin, appelés *bluteaux*, et cette opération s'appelle le *blutage*.

On obtient ainsi de la farine pure comme celle que vous voyez là, puis du son qui est moins fin que la farine, et qui s'en distingue encore par sa nuance jaune-grise. En voici de deux sortes, comparez-le à la *farine* de blé, de sarrasin ou à la fécule de pomme de terre : il n'a ni la même finesse ni la même blancheur.

Lavage de la farine, gluten, amidon.—Quand on lave de la farine sur un tamis, comme vous me le voyez faire, on obtient dans la main une pâte collante, c'est le *gluten*, et l'eau blanche qui passe laisse déposer une poussière blanche, c'est l'*amidon*. Le gluten est presque aussi nutritif que la viande, l'amidon l'est infiniment moins ; mais grâce au gluten, le pain peut remplacer la viande.

A la campagne, beaucoup de gens, qui travaillent cependant, ne mangent que rarement de la viande ; c'est plutôt le pain que les légumes qui les nourrit.

Toutes ces graines, toutes ces farines servent à la nourriture de l'homme. En Chine et dans l'Inde on consomme beaucoup de riz, quoiqu'il soit peu nutritif, ne contenant guère de gluten. On en fait une bouillie épaisse en le faisant cuire dans l'eau.

En Afrique des peuplades entières vivent du millet que nous réservons pour nos petits oiseaux.

Culture des céréales.—Le blé se sème au mois d'octobre; le cultivateur marche d'un pas régulier dans un champ préparé, et lance à chaque pas qu'il fait, une poignée de grains sur la terre. Au bout d'une quinzaine de jours, on aperçoit une espèce d'herbe très verte, qui acquiert un décimètre de hauteur avant les froids. Au printemps elle pousse rapidement, et les champs de blé ressemblent à des prairies. Ce n'est qu'en juin, et même en juillet, que l'épi se forme et que la tige jaunit; on fait la moisson vers la fin de juillet. Le blé, coupé par la faux, est lié en gerbe, puis rentré quatre ou cinq jours après. En automne et en hiver, on bat les gerbes pour en faire sortir le grain et on le débarrasse ensuite de sa petite enveloppe de paille, en chassant celle-ci par un courant d'air dans un *van*. Les anciens vans se composaient d'un grand panier d'osier, très plat et très ouvert, dans lequel on agitait le grain; aujourd'hui on vanne au moyen de *vans mécaniques* ou *tarares*, dans lesquels le vent est produit par la rotation rapide de planches croisées tournant dans une caisse en bois.

Pain. — Que fait-on de la farine? Comment l'arrange-t-on pour la manger? On en fait du pain. Pour cela, on prépare d'abord une bouillie d'eau et de farine, on l'agite avec les mains, puis on l'épaissit; on en fait une pâte, en y remettant de la farine successivement. Cette pâte est fortement battue, pétrie avec les mains, dans un coffre en bois appelé *pétrin* ou *maie*. Cette opération est très fatigante; aussi, dans les grandes boulangeries, emploie-t-on aujourd'hui des pétrins mécaniques. Quand ce pétrissage est complet, on mélange à la pâte une petite quantité de *levure de bière,* qui la fait fermenter. Le pain se boursoufle, parce qu'il s'y forme du gaz acide carbonique ; on dit qu'il lève. La levure de bière, vous en voyez là *(planche 3),* c'est une pâte grisâtre, sèche, quelquefois elle est en bouillie ; elle est formée de champignons excessivement petits et qui, en vivant dans la pâte, y produisent une grande transformation. La levure est un ferment.

L'amidon, sous son action, se transformera, produira du gaz acide carbonique, qui, emprisonné formera les boursouflures qu'on appelle les yeux du pain.

La pâte ainsi fermentée et levée est partagée en pains qu'on introduit dans un four spécial, chauffé au bois ; ils doivent y rester d'une demi-heure à une heure un quart, selon leur épaisseur.

Si le pain n'était pas fermenté, il resterait plat, compact, comme ce biscuit de mer que je vous montre là : il serait moins digestible.

Les diverses variétés de pain que vous connaissez, que vous voyez chez les boulangers, ne diffèrent pas essentiellement du pain ordinaire. Les pâtisseries mêmes se fabriquent de la même manière, quant à la pâte, si ce n'est qu'on y introduit des œufs et du beurre.

Pâtes alimentaires. — Vous connaissez le *vermicelle,* en voici, on dirait du gros fil jaunâtre *(planche 1),* la *semoule,* le *tapioca* qui est une fécule blanche comme la farine et qu'on extrait de la racine de *manioc,* plante des pays chauds, les *nouilles,* le *macaroni* et tout ce qu'on appelle pâtes d'Italie. Tous ces produits sont fabriqués avec des farines plus ou moins fines, auxquelles on mélange quelquefois du lait, du beurre, des œufs ; mais on ne fait point fermenter.

Le macaroni que vous voyez là *(planche 1)* sous forme

de tubes jaunes, est fait avec de la farine de riz et de froment ;
les nouilles également ; on y ajoute du beurre et des œufs
et on découpe la pâte en bandes minces et étroites.

Vous connaissez assez bien tous les excellents plats que
l'on fait avec ces pâtes, pour comprendre l'importance des
graines de céréales dans l'alimentation humaine, même en
dehors du pain, nourriture journalière de toutes les nations
civilisées.

RÉSUMÉ DE LA DEUXIÈME LEÇON

LE BLÉ, LE PAIN, LES PATES ALIMENTAIRES

(Planches 1 et 2.)

COURS SUPÉRIEUR

On appelle céréales les plantes suivantes, dont les graines sont des aliments nutritifs, pour l'homme et les animaux : le blé, le seigle, l'avoine, l'orge, le sarrasin, le riz, le millet, le maïs.

Ces graines ou grains sont durs, jaunâtres, et pour la plupart forment des épis. Les tiges des céréales sont d'abord herbacées, elles deviennent ensuite jaunes et dures. Ces grains se distinguent facilement avec un peu d'habitude.

Sous leur écorce jaune ou grise, ils renferment de la farine ou fécule formée de *gluten* et d'*amidon*.

Gluten et amidon. — Une farine est d'autant plus nutritive qu'elle contient plus de gluten. Le riz formé presque exclusivement d'amidon est peu nutritif. Les grains sont moulus entre deux meules en mouvement.

L'écorce jaune ou *son* en est séparée au moyen d'un tamis très fin ; c'est le blutage.

Pain. — Le pain est formé d'une pâte de farine de blé ou de seigle, qu'on fait cuire après qu'elle a été fermentée.

Le ferment employé est la levure de bière, espèce de petit champignon microscopique. Les yeux sont formés par du gaz acide carbonique provenant de la fermentation.

Toutes les *pâtes alimentaires*, y compris les *pâtes d'Italie*, sont formées de farines fines auxquelles on mélange souvent des œufs et du beurre ; elles ne sont point fermentées. La pâtisserie, au contraire, a presque toujours subi la fermentation.

Questionnaire. — Nommez les principales céréales. Montrez du blé, du seigle, de l'avoine, de l'orge. A quoi connaissez-vous l'avoine ?

Quel est l'aspect des jeunes tiges de céréales ?

Comment sont-elles quand elles sont mûres ?

Comment sépare-t-on le gluten de l'amidon ?

Qu'est-ce que la levure de bière ?

Quel est son rôle dans la fabrication du pain ?

Comment fait-on le pain ?

Qu'est-ce qui produit les yeux du pain ?

Quels sont les avantages du pain levé ?

Les pâtes alimentaires ont-elles subi la fermentation ?

ALIMENTATION

(Planche 2.)

COURS MOYEN

Le sucre. — Voici du sucre, vous le connaissez bien et vous savez bien aussi à quoi il sert ; vous ne le confondriez pas avec de la craie, n'est-ce pas ? Voici du sucre *candi*, il est en *cristaux*, puis il est un peu jaune ; il ne diffère guère du sucre blanc, il a été moins complètement purifié.

Il y a deux cents ans, on n'avait pas de sucre. Il n'y a guère qu'un siècle qu'on en a eu en France ; mais alors c'était une chose bien rare et bien chère, on en trouvait seulement chez les pharmaciens ; les enfants n'en mangeaient pas comme aujourd'hui. On le remplaçait par le miel que donnent les abeilles ; mais le miel était lui-même rare et cher. Aujourd'hui, le sucre qui est un agréable aliment, et qu'on mange de toutes les manières possibles, se prépare en quantité considérable en France, et ne coûte en moyenne que 1 fr. à 1 fr. 50 le kilogramme.

Que va-t-il arriver, si je mets ce morceau de sucre dans ce verre d'eau ? Il disparaît, ou plutôt, il se dissout, car l'eau maintenant est *sucrée*. Le sel aussi se dissout dans l'eau, et alors elle est *salée*.

Si nous chauffons du sucre un petit peu, il brunit, c'est ce qui fait que le *caramel* et la mélasse sont bruns. Voici de la mélasse, c'est du sucre bruni par le feu.

D'où vient le sucre ? Le fabrique-t-on réellement ? Non, c'est la nature qui le forme dans les plantes. Dans les sucreries on l'en extrait, on le rend solide et on le purifie.

Dans les colonies, on l'extrait de la tige de la *canne à sucre*, espèce de grand roseau qui ne pousse que dans les pays chauds.

Depuis plus de cinquante ans on extrait le sucre en France et en Europe de la betterave, racine jaune ou rouge, ressemblant à une énorme carotte. Vous en avez sans doute mangé en rondelles, dans certaines salades.

On en cultive des champs immenses dans le nord de la France.

Ces grosses racines sont râpées et transformées en une sorte de bouillie ou pulpe. Voici cette pulpe desséchée *(planche 2)*. On en extrait le jus sucré en la soumettant à une forte pression; puis, ce jus qui est une espèce d'eau sucrée, doit être amené à l'état de sirop épais. On le chauffe dans des chaudières spéciales, on appelle cela *la cuite*, et quand il est assez épais, on le fait passer dans un filtre où l'on a mis du *noir animal*; en sortant du filtre, le sirop, qui était jaunâtre, est tout à fait décoloré. Le noir animal, qui est tout noir, se prépare en calcinant des os d'animaux : en voici un échantillon.

Cette substance curieuse, qui se vend assez cher parce qu'on en use beaucoup dans la fabrication du sucre, décolore ainsi tous les liquides qui sont en contact avec elle. Voici du vin rouge, je le verse sur le noir animal que j'ai mis dans cet entonnoir, et, comme vous le voyez, il passe incolore comme de l'eau.

On met ensuite le sirop dans les moules, et en refroidissant il se prend : c'est le sucre brut ou cassonade. En voici des échantillons : l'un est blanc, l'autre roussâtre ; ce sucre est excellent, néanmoins on le blanchit encore, on le *raffine*. Pour cela, on le dissout dans l'eau, puis on le filtre encore sur du noir animal ; il est cuit de nouveau pour chasser l'eau par évaporation, et enfin il cristallise dans les formes ou moules. C'est alors le sucre raffiné que vous voyez là.

Quant au sucre can li, on l'obtient en laissant évaporer lentement du sirop suffisamment épais.

La mélasse est un liquide brun, plus ou moins foncé, qui contient encore beaucoup de sucre qu'on ne peut plus faire déposer. On la fait fermenter et on en tire de l'eau-de-vie. Mais je vous en parlerai une autre fois.

Toutes les sucreries, dragées, caramel, sucre d'orge, confitures, etc., sont faites avec du sucre de canne ou de betterave (il n'y a pas de différence), brut ou raffiné.

Le sucre d'orge est du sucre qui a été fondu; le caramel a été aussi fondu, puis un peu noirci; il n'est plus guère sucré. Les dragées, vous en voyez là, et vous en avez souvent mangé, sont formées d'amandes recouvertes de sucre.

Le sucre entre aussi dans le chocolat.

Ce n'est pas seulement la canne à sucre et la betterave qui en contiennent. Au Canada, on l'extrait de l'écorce d'érable.

Tous les fruits sucrés lui doivent leur douce saveur. Les petits pois verts, les jeunes carottes, vous le savez, sont légèrement sucrés, lors même qu'on ne les a pas préparés au sucre. Le sucre est un aliment excellent, agréable, mais peu nutritif; c'est plutôt un *condiment*, c'est-à-dire une substance qui, comme les épices, doit accompagner les aliments.

———

RÉSUMÉ DE LA TROISIÈME LEÇON

ALIMENTATION

(Planche 2)

COURS MOYEN

Le sucre.— Le sucre se reconnaît à sa saveur. Il provient de la tige d'une espèce de roseau qui pousse dans les pays chauds

et qu'on appelle la *canne à sucre*, ou bien de la racine de betterave. On en trouve aussi dans l'écorce d'érable, dans les petits
pois et dans presque tous les fruits sucrés.

Aujourd'hui, on en fabrique, en France, de grandes quantités
avec la betterave.

Les grosses racines de cette plante sont déchirées en pulpe ;
celle-ci est comprimée ; le jus est concentré par la chaleur
dans des chaudières 'spéciales, puis filtré sur du noir animal
qui le décolore (espèce de charbon noir obtenu par la calcination des os).

Le sirop suffisamment concentré est mis dans les moules
où il se prend ; on a alors le sucre brut ou cassonade. On obtient aussi un liquide noirâtre sucré, qui ne se prend pas et
qu'on appelle mélasse. En faisant fermenter les mélasses, on
obtient des eaux-de-vie.

Raffinerie du sucre.—Pour raffiner le sucre brut, on le dissout
dans l'eau, on le filtre de nouveau sur du noir animal, puis on
le concentre jusqu'à ce qu'il puisse se prendre, et on le fait
cristalliser dans les formes.

Sucre candi.— Le sucre candi, qui est souvent un peu jaune,
s'obtient en laissant cristalliser lentement des sirops assez
épais et plus ou moins bien décolorés.

Questionnaire. — D'où provient le sucre ? Comment l'extrait-on
de la betterave ? Qu'est-ce que le noir animal ? A quoi sert--il ? Comment raffine-t-on le sucre ? Comment obtient-on le sucre candi ?
Que fait-on des mélasses ? Montrez-en ? Y a-t-il longtemps qu'on
fabrique du sucre en Europe ?

LES VÊTEMENTS, LE COTON

COURS MOYEN

Il ne nous suffit pas, pour vivre, de nous nourrir, de nous procurer des aliments; il faut aussi nous préserver du froid, de la trop grande chaleur, de la pluie, etc.; il faut nous vêtir.

La forme et la nature des vêtements dépendent des climats, des saisons, des mœurs. Les peuples primitifs n'avaient guère à leur disposition, pour se couvrir, que les peaux des animaux qu'ils tuaient à la chasse. On rencontre encore aujourd'hui des peuplades sauvages, au centre de l'Afrique, qui n'ont pour tout vêtement, qu'une ceinture en peau.

Les peuples civilisés ont des vêtements variés, mais toujours formés de *tissus*, c'est-à-dire constitués par des fils croisés de diverses manières, à l'exception des chaussures et de certaines coiffures.

Les vêtements proviennent, comme les aliments, des végétaux et des animaux. Le *chanvre*, qui sert à faire de la *toile*, le *lin*, le *coton*, proviennent de plantes qu'on appelle *textiles*, parce qu'elles peuvent être *tissées ;* la *laine*, la *soie*, les *plumes*, le *cuir*, les *peaux*, sont des produits d'origine animale.

Le chanvre, le lin, le coton, la laine, la soie, ne sont utilisés qu'après avoir été *filés*, puis tissés ; regardez de près vos vêtements, votre blouse, vos pantalons, les manches de votre chemise, vous y distinguerez facilement les fils entrecroisés qui en forment le tissu.

Les couleurs de nos vêtements ne sont point naturelles ; mais avant la confection des vêtements les fils ou les tissus sont teints de diverses couleurs. Nous parlerons dans une autre leçon des couleurs, et de la manière de les appliquer sur les tissus.

Je vais, aujourd'hui, vous parler du coton.

Le coton est l'objet d'une immense culture en Amérique, son pays d'origine ; d'un grand commerce, et d'une immense industrie en Europe, principalement en Angleterre et en France, où Rouen est le centre d'une grande fabrication de toiles, de tissus de coton, appelés de la rouennerie.

Je vais vous le montrer sous tous ses aspects *(planche 5)*. Voici du coton brut, du coton peigné, du coton étiré ; puis des fils de coton, des tissus de toutes sortes et de toutes couleurs. Nous y reviendrons tout à l'heure.

D'où vient le coton ? Le coton provient d'un arbuste qui croît en Amérique, surtout dans le sud de l'Amérique du Nord, et en Asie, et qu'on appelle le cotonnier. La coque qui renferme la graine du cotonnier s'ouvre, quand elle est mûre, et cette graine, grosse comme un haricot, se montre toute entourée d'un duvet semblable à celui-ci, c'est le coton : c'est à ce moment-là qu'on le cueille. Le cotonnier peut pousser, à peu près, dans tous les pays chauds : on l'a cultivé en Algérie.

Le coton cueilli, ramassé, est expédié, dans les pays où on le travaille, en gros ballots très serrés par des cercles de fer.

Ces ballots pèsent de 3 à 400 kilogrammes ; c'est du coton brut.

Arrivé à la filature, il est battu, vivement secoué par une machine spéciale, pour le débarrasser des poussières dont il est chargé. La ouate qui sert à doubler les vêtements n'est autre chose que du coton ainsi préparé. Vous n'y voyez plus les points noirs du coton brut. On le fait ensuite passer entre des rouleaux *cardeurs* ou *cardes,* garnis de lames de cuir hérissées de petites aiguilles émoussées qui redressent les brins du coton, leur donnent la même direction, comme le fait un peigne sur le chanvre et sur la laine.

On a alors le coton *cardé* que vous voyez là. Comparez-le à la ouate, vous verrez que les fils ne vont pas, l'un dans un sens, l'autre dans l'autre.

Je vous montre en même temps les déchets pelotonnés, mêlés à des poussières diverses ; on en fait des couvertures à bon marché.

Le coton cardé est allongé comme en ruban, puis tordu, filé, retordu par des machines perfectionnées, et enfin enroulé autour de petites bobines ou broches qui tournent autour d'un fil d'acier. Ce travail se fait dans des usines appelées *filatures*.

Autrefois ce travail se faisait à la main, aussi les tissus de coton coûtaient-ils plus cher qu'aujourd'hui.

C'est en Angleterre que les premières machines à filer furent inventées. Il y a à peu près quatre-vingts ans que Richard et Lenoir, associés ensemble, ont établi en France les premières machines. C'est pour rappeler leurs noms et les services qu'ils ont rendus à cette industrie qu'on a donné le nom de Richard-Lenoir à l'une des grandes voies de Paris.

Le fil de coton tel que vous le voyez là, sert à la couture, mais il est surtout employé à fabriquer les tissus de coton de toutes sortes ; le calicot qui sert à faire des chemises, le *pilou*, la *moleskine*, l'*indienne*, dont vous voyez ici des échantillons de diverses couleurs, sont en coton ; les serviettes, les mouchoirs de poche, les toiles à voile sont en coton.

En le tricotant, on en fait des gilets, des chaussettes, des jupons, des gants, des bonnets de coton, etc.

Vous connaissez le velours, cette étoffe douce, épaisse, chaude ; quelquefois des plus riches et des plus chères, quand elle est de soie ; on en fait aussi en coton qui ne coûte pas cher. Ce velours est employé à la confection des vêtements de chasse et de travail.

L'échantillon blanc que je vous montre là, vous donnera une idée de la manière dont se fait le velours. Regardez la partie superficielle, c'est un tissage uni : on a coupé les fils du dessus, en enfilant un long couteau très mince sous la trame ; les extrémités du fil coupé se sont relevées et forment ainsi le velouté.

Vous pourriez maintenant me demander comment on donne ces diverses couleurs aux toiles de coton ; cela est intéressant, mais je vous le dirai dans une autre leçon.

RÉSUMÉ DE LA QUATRIÈME LEÇON

LES VÊTEMENTS, LE COTON

COURS MOYEN

Nos vêtements sont faits de tissus, c'est-à-dire, de fils entre-croisés. Les fils sont faits de la réunion de fibres tordues. Ces fibres sont appelées fibres *textiles*. Les plantes qui nous don-nent les fibres textiles sont : le chanvre, le lin, le coton. La laine, la soie, qui peuvent aussi être filées, sont d'origine animale.

Coton. — Le coton est formé de filaments blancs qu'on trouve autour de la graine du *cotonnier*, arbuste des pays chauds.

Le coton est d'abord battu pour être débarrassé des pous-sières étrangères ; puis il est cardé, c'est-à-dire que ses fils sont allongés dans la même direction. Il est ensuite filé, puis tordu et enroulé autour de petites bobines ou broches, puis enfin tissé. Tout cela se fait à la mécanique. C'est Richard et Lenoir qui ont introduit en France les machines à filer. Les tissus de coton servent à de nombreux usages et portent des noms très variés. On en fait des serviettes, des mouchoirs, des che-mises, des jupons, des robes légères, etc. Le velours de coton s'obtient en coupant convenablement la trame supérieure d'un tissu double, de manière que les fils se redressent comme s'ils étaient plantés dans le tissu.

Questionnaire. — Qu'est-ce qu'un tissu? Qu'appelle-t-on fibres textiles? D'où vient le coton? Quelles préparations lui fait-on subir? Montrez le coton sous ses divers états. Montrez du coton *cardé*. En quoi diffère-t-il du coton brut? Montrez du velours. Nommez des vêtements de coton.

VÊTEMENT, CHAUSSURE, LE CUIR ET LES PEAUX

(Planche 7.)

COURS SUPÉRIEUR

Vous connaissez tous le cuir, n'est-ce pas? cependant, vous ne pourriez probablement pas me dire avec quoi et surtout comment on le fait.

Vous savez que quand on a tué un bœuf, un mouton, un veau, pour en manger la chair, on lui enlève la peau, on l'écorche ; c'est avec les peaux qu'on fait le cuir qui sert à fabriquer les chaussures, les harnais, les équipements militaires, les courroies, etc.

Les sauvages ne se servent que de peaux, parce qu'ils ne savent pas faire le cuir; sa fabrication est cependant très ancienne, les Grecs la connaissaient. Ainsi les hommes savent transformer les peaux en cuir depuis plusieurs milliers d'années, et actuellement il y a encore sur la terre des peuplades qui ignorent cette industrie, comme elles ignorent, du reste, toutes les autres, parce qu'elles n'ont point de communications avec les nations civilisées. C'est là une nouvelle preuve que le progrès et la civilisation, ce qui est à peu près la même chose, ne se font surtout que par les communications, les relations des peuples entre eux.

Les peaux n'ont point les qualités du cuir qui permettent de l'employer à tant d'usages divers ; de plus, elles se gâtent, se pourrissent, et sentent mauvais ; il faut donc leur faire subir diverses préparations, en un mot en faire du *cuir*.

La préparation principale que subit la peau est le *tannage*, et celui qui tanne s'appelle un *tanneur*.

On ne tanne pas seulement les peaux fraîches qui arrivent directement de l'abattoir, et qu'on appelle des peaux vertes; on tanne aussi des peaux qui viennent des pays lointains, surtout du Brésil, et qu'on a desséchées ou salées pour les conserver jusqu'à ce qu'on les tanne.

Les peaux desséchées sont d'abord ramollies par un court séjour dans l'eau. Les peaux fraîches et salées sont simplement lavées.

La première opération à faire, c'est d'enlever les poils de la peau. Pour cela, on les fait séjourner dans l'*eau de chaux;* c'est tout simplement de l'eau dans laquelle on a délayé de la chaux. Voici de la chaux, elle est généralement blanche; on l'obtient en calcinant dans des fours des pierres qu'on appelle des calcaires. Voici de la pierre à bâtir, du marbre, de la craie : ce sont des calcaires *(planche 8.)*

La chaux sortant des fours se mélange, se combine à l'eau en donnant beaucoup de chaleur, et quand elle a pris ainsi beaucoup d'eau, on dit qu'elle est éteinte : c'est alors une pâte qui sert à faire du mortier pour les constructions, à blanchir les murailles, etc. Quand on la délaye dans une grande quantité d'eau, on a l'eau de chaux, dont je viens de vous parler ; en voici. La chaux brûle les matières animales, elle attaque donc la racine du poil des peaux, qui ensuite s'enlève facilement. Les ouvriers placent la peau sur un chevalet de bois, et la raclent avec un couteau qui ne coupe pas, et qu'on appelle *couteau rond* ou *piloir;* cette opération s'appelle *débourrage, épilage.* Les peaux ainsi préparées vont être tannées. Vous voyez là des peaux épilées, mais non tannées.

Voici un morceau d'écorce de jeune chêne, sucez-en un peu, on dirait qu'elle dessèche la bouche : l'écorce du bouleau et beaucoup d'autres produisent le même effet : on dit qu'elles sont *astringentes.* Cette propriété, elles la doivent à une substance amère qu'elles renferment et qu'on appelle le *tannin*.

L'écorce de chêne pulvérisée dans un moulin spécial, dit *moulin à écorce*, donnera une poussière brunâtre, riche en tannin ; elle sert à tanner, on l'appelle du *tan*. On fait aussi du tan avec l'écorce de châtaignier. Tenez, je vais mettre du tan dans de l'eau : j'aurai une liqueur brune, comme vous le voyez ; si j'y fais séjourner de la viande, elle s'en pénétrera, et quand elle sera sèche, je vous la montrerai dans quelques jours, elle sera dure, et aura l'apparence du cuir, autrement dit, elle sera *tannée* et se conservera indéfiniment sans se putréfier. Voilà le fait sur lequel repose le tannage. La chair, ou plutôt la peau des animaux, en s'unissant intimement au tannin qui est dans l'écorce de chêne, durcit et devient imputrescible. Voici maintenant comment se fait le tannage en grand.

Dans des fosses en bois ou en maçonnerie dont les bords sont à fleur de terre, on empile de nombreuses peaux en les séparant d'une couche de tan ; quand la fosse est pleine, on y fait arriver de l'eau qui dissout le tan et le disperse sur les peaux. Au bout de quelques mois, on les retire et on les remet dans une autre fosse : le tannage complet dure ainsi trois, quatre, cinq et même six mois et quelquefois plus, quand il s'agit de faire des cuirs forts avec des peaux de bœufs ou de buffles. On commence à employer des procédés plus rapides en se servant de produits riches en tannin, et en les faisant agir sur les peaux dans des endroits chauffés successivement jusqu'à 60 degrés.

Les cuirs de veau, de jeune vache, de cheval, sont appelés des cuirs mous.

Nous allons voir à quel travail on les soumet.

Quant aux cuirs forts, on les frappe avec de lourds marteaux, puis on les fait passer entre des cylindres compresseurs pour les rendre compacts et serrés.

Voici du cuir dur, tanné, mais non battu ; à côté vous

voyez le même cuir après qu'il a été battu ; son épaisseur est réduite de moitié, mais il est plus uni, plus serré, il ne ne paraît plus spongieux comme l'autre.

Les cuirs doux, vous ai-je dit, subissent une préparation, le corroyage. En quoi consiste-t-elle ?

On commence par rendre le cuir uni du côté qui était en contact avec la chair, en enlevant les inégalités au moyen d'un tranchant très mince. Le cuir ainsi préparé, puis mouillé, est étendu sur une table et frotté des deux côtés avec une espèce de rabot à cannelures, appelé *marguerite*. Il est ensuite recouvert d'un enduit gras formé le plus souvent d'un mélange d'huile de poisson et de suif; puis il est noirci au cirage, et frotté une dernière fois pour le rendre doux et poli.

Vous voyez là des échantillons de cuirs de veau et de vache corroyés et non cirés. Vous les distinguez facilement du veau ciré qui est à côté, de la vache vernie, etc. Certains cuirs sont gaufrés comme ce morceau de cuir rouge de vache; cela s'obtient en les comprimant entre des cylindres en mouvement sur lesquels se trouvent des dessins en relief.

Dans la *mégisserie* on emploie des peaux qui n'ont pas été tannées, mais *mégies*, c'est-à-dire passées à l'*alun* au lieu d'être tannées. Les peaux de mouton, d'agneau, de chevreau et toutes celles qui servent à la ganterie, ne sont jamais tannées avec du tannin. Elles deviennent imputrescibles quand elles ont été imprégnées d'une pâte formée de farine, d'alun et de sel.

Les peaux ainsi préparées sont blanches, comme le morceau de peau de mouton que je vous montre là ; elles restent molles. En voici un autre morceau, il est jaune parce qu'il a été tanné avec du bois de *sumac*.

Il faut que je vous montre de l'*alun*. Cela ressemble à du sel, non seulement par l'aspect, mais un peu par la saveur. C'est un produit chimique qui sert encore dans d'autres industries, notamment dans la teinture, dont nous nous occuperons prochainement.

Cette préparation des peaux par l'alun permet, quand on le veut, de conserver les poils : l'alun ne les fait pas tomber comme la chaux. Voici des peaux de mouton, de veau, d'agneau, de chèvre avec leurs poils et leur laine, et qui se conservent parfaitement quoique n'étant nullement imprégnées de tannin.

Dans ce tube se trouvent des poils de lapin : on en fait du *feutre*, en les foulant avec certains produits ; ce feutre sert à faire des chapeaux ; le feutre à tapis est fait avec de la laine et diverses espèces de poils. Je vous montre en même temps des peaux teintes en jaune, en rouge, en bleu, comme la laine, la soie et le coton *(planche 7)*.

RÉSUMÉ DE LA CINQUIÈME LEÇON

LE CUIR ET LES PEAUX

COURS SUPÉRIEUR

Le cuir est de la peau tannée. Les peaux fraîches ou salées sont d'abord débarrassées de leurs poils. Pour cela on les traite par l'eau de chaux, qui est une dissolution de chaux dans l'eau.

La chaux, qui détruit les matières organiques, atteint la racine du poil ; celui-ci est ensuite enlevé par un ouvrier qui frotte la peau avec un couteau qui ne coupe point : c'est le débourrage.

Tannage. — Les peaux débarrassées de leurs poils sont empilées dans de grandes cuves creusées dans le sol et séparées par des couches de *tan* ou poussière d'écorce de chêne.

Le tan contient une substance appelée *tannin* qui, en se combinant à la substance de la peau, rend celle-ci imputrescible.

Les peaux restent plusieurs mois dans le tan, on les change deux ou trois fois de cuve.

Peaux conservées sans être tannées. — Dans les mégisseries on prépare les peaux sans les tanner, le tannage les durcirait. On les conserve alors en les traitant par l'alun, espèce de sel qui se dissout facilement dans l'eau.

Cette préparation permet de conserver le poil si on le veut; on le fait souvent avec des peaux de mouton, de chèvre, de veau, de sanglier.

Feutre. — Les poils sont employés à faire le feutre des chapeaux.

Questionnaire. — Qu'est-ce que le tan? Comment débarrasse-t-on une peau de ses poils? Comment tanne-t-on? Quel rôle joue le tan? A quelle substance doit-il ses propriétés? Montrez-en. Montrez de l'alun. Comment conserve-t-on une peau sans la tanner?

TEINTURE

(Planche 8.)

COURS SUPÉRIEUR

Couleurs. Origines de quelques couleurs. — Il ne nous suffit pas que nos vêtements nous préservent contre le froid, la pluie, etc.; il faut qu'ils nous plaisent, qu'ils aient une forme convenable et *qu'ils aillent bien,* et de plus que leur couleur et leur aspect soient agréables à l'œil.

C'est le tailleur et la couturière qui leur donnent une forme conforme à la *mode.*

La couleur et le dessin sont donnés à l'étoffe avant la confection. L'application des couleurs sur les tissus constitue une industrie très importante, compliquée, exigeant beaucoup de soins et de science ; aussi l'appelle-t-on souvent un art : on dit aussi bien l'art que l'industrie de la teinture.

Avant d'appliquer les couleurs, il faut les préparer; elles sont très nombreuses et très variées, comme vous le voyez sur les robes et sur les chapeaux des dames. Ces fleurs artificielles, ces magnifiques plumes ne sont-elles pas merveilleusement teintes? et ces tissus, bleus, verts, rouges, jaunes, roses, ne vous offrent-ils point les plus belles couleurs, les plus tendres nuances, les dessins les plus variés?

Vous en voyez constamment, je n'ai point besoin de vous en montrer ; mais voici des fils de laine de diverses couleurs : noir, marron, gris perle, violet, jaune orange, bleu clair, bleu marine, vert clair, vert foncé, grenat, magenta, etc. *(planche 8)*; remarquez que ces écheveaux sont disposés sur le carton de telle façon que ceux qui sont voisins représentent des nuances différentes d'une même couleur. Ce n'est qu'ainsi, par le contraste, c'est-à-dire en les regardant en même temps, l'une près de l'autre, qu'on peut bien distinguer les variétés, c'est-à-dire les nuances d'une même couleur. Vous voyez là deux bleus, deux roses, deux rouges, deux jaunes très différents.

Les couleurs employées en teinture proviennent de diverses sources. Vous voyez là du bois de campêche et du bois de Brésil, qui donnent des teintes rouge et grenat.

Ce sont des bois d'Amérique naturellement riches en couleur, et qu'on réduit mécaniquement en brins comme ceux que je vous montre en ce moment ; cette teinture s'obtient facilement en mettant ces bois dans l'eau bouillante ; la plupart des œufs de Pâques, à Paris, sont teints au bois de campêche. Cette poussière jaune s'appelle du bois de *curcuma* ; voici du santal provenant d'une espèce de bois des Indes ; du *safran*, qui donne une couleur jaune et qui est produit par une partie de la fleur d'une plante bulbeuse appelé *sa,ran* ; elle est haute comme un porte-plume, on la cultive dans le département de Vaucluse pour sa couleur jaune. Ce beau bleu, appelé *indigo*, provient d'une plante appelée *indigotier tinctorial*, qui pousse exclusivement dans les pays chauds ; on la cultive surtout au Mexique.

Chose curieuse : la couleur bleue ne s'y développe que par l'action de l'air, quand elle est coupée.

Voici maintenant des substances colorantes qui contiennent toutes un même principe, et qui ont été inventées, il y a seulement une trentaine d'années ; elles donnent les plus magnifiques teintes bleues, vertes, cuivrées, roses, rouges, etc.

Le principe commun qu'elles renferment s'appelle *aniline*. Ces couleurs sont aujourd'hui tellement employées, que leur fabrication en a ruiné plusieurs autres. Toutes les couleurs qui ont pour base l'aniline sont excessivement riches en matière colorante, c'est-à-dire qu'il en faut très peu pour donner beaucoup de teinture. Chose curieuse, l'aniline est un liquide incolore; nous avons là trois teintes à base d'*aniline*. Si nous en écrasons quelques parcelles (deux ou trois fois la tête d'une épingle) entre les doigts, ou sur une soucoupe, nous en admirerons mieux les magnifiques nuances, et en la lavant ensuite avec de l'eau nous aurons encore de nouvelles teintes.

L'*aniline*, qui est la base de ces couleurs dites d'aniline, provient de la houille, ou plutôt de cette substance noire, demi-liquide, qu'on appelle goudron de houille ou *coaltar*, et qui se forme quand on distille la houille pour fabriquer le gaz d'éclairage.

Avant de vous dire comment le teinturier applique les couleurs, je veux encore vous montrer celle-ci; elle ne vous paraît pas bien vive; ces espèces de petits grains bruns, ridés, flétris, ne sont autre chose qu'un insecte desséché, qu'on trouve au Mexique, vivant sur les grosses feuilles d'un *cactus*. On en fait une véritable culture pour la teinture. On l'a aussi cultivé en Algérie, mais actuellement cette industrie ne prospère qu'au Mexique.

Croiriez-vous qu'il entre en France, chaque année, à peu près 200,000 kilogrammes de ces insectes, ce qui représente une valeur d'au moins 3 millions de francs. D'après le savant Réaumur, une livre de cochenille sèche contient à peu près 62,000 insectes. C'est avec la *cochenille* pulvérisée qu'on fait la belle couleur rouge appelée *carmin*.

Application des couleurs; mordants. — Comment applique-t-on les couleurs sur les tissus? Comment fait-on pour les y fixer de manière qu'elles ne soient pas enlevées au premier lavage?

Quand on étend simplement la couleur sur l'objet, on dit qu'il est peint; quand, au contraire, comme pour les étoffes, la couleur est pour ainsi dire combinée, fixée dans l'intérieur du fil, on dit qu'il est teint. Tous les fils colorés que vous voyez là sont teints ; cette porte est peinte.

Pour opérer cette union intime, cette adhérence de la couleur avec le tissu, il ne suffit pas de le plonger dans la teinture obtenue en délayant la couleur dans l'eau, ou dans un autre liquide, il faut faire intervenir une substance qui puisse s'unir intimement, autrement dit se combiner, et à la *fibre textile* et à la couleur qui se trouvera ainsi fixée. Ces substances intermédiaires s'appellent des mordants; le plus communément employé est l'*alun*. C'est ce qu'on appelle un *sel;* comme vous le voyez, il est presque transparent, se dissout facilement dans l'eau et se fond ; puis se dessèche, devient blanc et opaque quand on le chauffe.

Voici d'autres mordants, le *vitriol vert* qui contient du fer et du vitriol, le *vitriol bleu* qui contient du cuivre et du vitriol. En voici un autre qui est jaune rouge et qu'on appelle *bichromate de potasse.* Comment applique-t-on le mordant?

L'opération s'appelle *mordançage;* elle se fait de différentes façons. Voici une mèche de coton : plongeons-la dans cette couleur rouge de garance ; quand nous la retirons elle n'est pas rouge, elle n'a qu'une légère teinte que le moindre lavage va enlever; la couleur rouge ne s'est point fixée sur le coton. En voici une autre : plongeons-la d'abord dans un mordant, dans une dissolution d'alun, puis, quand elle sera sèche, dans la garance : nous la retirerons parfaitement teinte, et on aura beau la laver, la couleur sera fixée, elle restera. On dissout aussi le mordant dans le bain de teinture, et c'est dans ce mélange qu'on plonge le tissu. Enfin, assez souvent, on le plonge, après qu'il a été déjà mordancé, dans un mélange comme le précédent. La quantité de couleur qui se fixe, étant d'autant plus grande que la dissolution de mordant est elle-même plus riche, on peut obtenir, avec la même substance tinctoriale, des nuances assez différentes. Je n'ai pas besoin de vous dire qu'avant de procéder à ces opérations il a fallu d'abord débarrasser les fils ou les étoffes de toutes matières étrangères, grasses ou autres, qui empêcheraient la couleur et le mordant de prendre ; en un mot, on les a soumis à un blanchiment complet. Nous n'avons pas le temps, dans cette leçon, d'entrer dans plus de détails, et de parler des précautions qu'on prend, dans la pratique, pour obtenir les teintes qu'on recherche, pour qu'elles soient absolument uniformes partout, ni quelle est l'importance qu'ont, sur l'application de la couleur et la qualité du teint, la température du bain, la pureté de l'eau et des produits qu'on emploie. Vous avez compris le principe de la teinture, cela nous suffit pour aujourd'hui.

RÉSUMÉ DE LA SIXIÈME LEÇON

TEINTURE

Couleurs. — La plupart des couleurs employées en teinture proviennent des plantes : le bois de campêche rouge, le bois de Brésil rouge, l'indigo bleu, le safran jaune, etc. La cochenille, qui donne une couleur rouge, est un insecte. Les belles couleurs d'*aniline* sont obtenues par des procédés chimiques.

Mordants. — On fixe les couleurs sur les tissus, ou sur les fils textiles, au moyen de substances appelées mordants. Le plus employé des mordants est l'*alun* ; c'est une espèce de sel transparent qui se dissout facilement dans l'eau ; le vitriol vert, qui contient du fer ; le vitriol bleu, qui contient du cuivre ; le bichromate de potasse, qui est un sel jaune, sont aussi des mordants.

Application de la couleur. — Il y a plusieurs procédés pour teindre : 1° on plonge d'abord l'étoffe dans le mordant dissous dans l'eau, puis ensuite dans la teinture ; 2° on peut plonger l'étoffe dans une dissolution contenant à la fois la teinture et le mordant ; 3° on plonge dans ce même mélange le tissu après qu'il a été déjà *mordancé*.

Questionnaire. — D'où proviennent les couleurs ? La cochenille ? Quelle est la couleur du safran ? De l'indigo ? Montrez la cochenille, l'indigo, l'aniline, le bois de campêche.

A quoi servent les mordants ? Montrez moi de l'alun, du sulfate de fer, du bichromate de potasse. Quand on a une dissolution de mordant et un bain de teinture, comment procède-t-on ?

VÊTEMENT

LE NETTOYAGE, BROSSES, SAVON, BENZINE

COURS MOYEN

Ce n'est pas encore assez d'avoir de beaux vêtements, il faut les soigner, les tenir propres, les nettoyer quand ils ne le sont plus. Il faut se tenir propre soi-même; une personne sale est un objet de répulsion pour ceux qui la connaissent, elle se ravale au-dessous de beaucoup d'animaux qui se tiennent aussi propres qu'ils le peuvent. Du reste, la propreté est la première loi de l'hygiène, c'est-à-dire, la première condition d'une bonne santé.

Avec quoi et comment nettoie-t-on les vêtements? On les brosse tous les jours, surtout les vêtements de laine. Ceux de lin, de chanvre, ou de coton, comme les chemises, les pantalons de toile ou de coutil, les blouses de coton, ne se brossent pas; quand ils sont sales, on les lave avec de l'eau et du savon. Les vêtements de laine se brossent, mais quand ils sont tachés de graisse, on est obligé, pour les nettoyer, de brosser la partie grasse en la lavant avec de l'*eau de savon*, ou de la *benzine*, qui enlève la graisse.

Une brosse. — Avec quoi est faite une brosse ordinaire? D'où viennent ces poils durs qui frottent la laine? Ce sont des soies, c'est-à-dire des poils de porc. Vous en voyez là quelques pincées; on les réunit par mèches de grosseur variable, comme vous le voyez sur cette brosse à moitié confectionnée; puis on fixe les mèches par leur milieu au moyen d'un fil de chanvre ou de laiton, dans les trous d'une plaque de bois. Celle-ci est ensuite recouverte de l'autre côté d'une autre plaque plus mince, polie, qui formera le dos de la brosse. Quand la brosse est finie, on égalise les poils avec des ciseaux. Vous voyez ici (*pl. 8*) : 1° les mèches fixées au bois de la brosse ; 2° une mèche liée par un fil de laiton, mais non encore introduite dans le trou qu'elle doit occuper ; 3° une ficelle de chanvre et un fil de laiton en cuivre jaune, en usage dans la fabrication des brosses.

Je ne vous en dirai pas davantage sur cette fabrication ; cependant je veux vous montrer ces racines jaunes de *chiendent*, avec lesquelles on fait les brosses de ménage ; le chiendent est une plante traînante, très commune. Voici un morceau de bois de Panama ; vous pourriez me demander ce qu'il fait là au milieu d'objets ayant rapport au blanchiment, entre une éponge, un flacon de benzine et un morceau de savon. Eh bien, c'est qu'il a les mêmes usages ; on l'emploie à nettoyer le linge. Ce bois provient de Panama, dans l'Amérique du Nord, au sud du Mexique. Mais vous connaissez l'isthme de Panama ; montrez-le sur la mappemonde : c'est cette langue de terre qui réunit les deux Amériques. Grâce à notre illustre compatriote, M. de Lesseps, cet isthme va être percé d'un canal qui permettra aux navires de passer de l'Océan Atlantique, dans l'Océan Pacifique, sans être obligé d'aller tourner l'Amérique du Sud. Mais revenons au bois de Panama. Comment ce bois peut-il servir au nettoyage du linge ? c'est qu'il contient une espèce de résine qui fait mousser l'eau comme le savon et, comme lui, enlève les substances grasses.

Nous allons maintenant parler du savon. Vous le connaissez bien ; vous vous en servez souvent, n'est-ce pas ? Vous savez qu'il y a du savon blanc, du savon MARBRÉ, noir ou rouge, du savon parfumé, puis du savon mou et verdâtre qu'on appelle *savon gras*. Voici des échantillons de savons ; ils n'ont pas le même aspect ; ils sont plus ou moins durs,néanmoins leur composition ne diffère pas essentiellement. Tous les savons sont fabriqués avec des corps gras : HUILES OU GRAISSES, et une autre substance dont je vous parlerai tout à l'heure.

A Marseille, où on fabrique plus de 100 millions de kilogrammes de savon par an, on emploie surtout de l'huile d'olive de médiocre qualité. L'olivier, vous le savez sans doute, est cultivé sur les bords de la Méditerranée ; les olives, qui ressemblent à des prunes vertes et oblongues, sont remplies d'une huile comestible très estimée.

On fait aussi du savon avec de l'huile de coco : celle que vous voyez ici est solide comme une graisse : on l'appelle à cause de cela une huile concrète. Elle ressemble par l'aspect à la graisse d'os qui est à côté et qui sert aussi à fabriquer du savon.

La potasse et la soude. — L'autre substance qui entre dans la fabrication du savon est de la *potasse* ou de la *soude*, ou plus exactement du *carbonate de potasse* ou du *carbonate de soude*.

La potasse entre dans le savon *gras* (mou) ; la soude dans les savons durs.

Vous voyez là ces deux produits ; ce ne sont pas eux qui donnent de la couleur au savon, car ils sont blancs.

Quand on fait la *lessive* pour nettoyer complètement le linge, on verse de l'eau bouillante sur des cendres placées sur une toile grossière à travers laquelle le liquide filtre sur les linges qu'on veut *lessiver*. Ce liquide qui est roussâtre, c'est la lessive. La potasse qui existait dans les cendres, provenant des résidus du bois brûlé, a été dissoute par l'eau bouillante ; de sorte que la lessive est une dissolution de potasse impure, comme l'eau sucrée est une dissolution de sucre et l'eau de chaux une dissolution de chaux. Faisons disparaître l'eau de la lessive, en vapeur, en chauffant, et le résidu que nous obtiendrons sera la potasse impure du commerce. C'est cette potasse qui communique à la lessive et au savon la propriété de débarrasser le linge ou les mains des substances grasses et autres qui les salissent. Si nous traitons de la même manière des cendres provenant de végétaux marins desséchés (fucus, varech), nous aurons une lessive de *soude*, et en l'évaporant nous obtiendrons de la soude impure. Vous connaissez la soude qu'on appelle aussi vulgairement *carbonate*, ou plus souvent *cristaux*, parce que les épiciers et les marchands de couleurs la vendent en gros cristaux. Dans les ménages, on s'en sert pour laver le linge : cela économise le savon. Comme je vous l'ai déjà dit, plongez les doigts dans cette lessive, puis frottez-les, vous constaterez, en même temps qu'une odeur particulière, un toucher doux, gras, qui rappelle le savon. La soude sert à faire les savons durs, je vous le rappelle.

Marbrures du savon. — Voici un tube qui contient une substance bleue qu'on appelle *bleu d'outre-mer*, parce qu'autrefois on le fabriquait exclusivement en Angleterre ; il sert à marbrer les savons en bleu ; la poussière rouge qui est au-dessous s'appelle l'*ocre :* c'est une espèce de rouille de fer très fine et qui est employée pour les marbrer en rouge.

Comment avec ces divers produits fabrique-t-on le savon ? Il s'agit de mélanger et d'associer intimement, c'est-à-dire de combiner la potasse ou la soude avec le corps gras. Voici comment on procède, à Marseille, pour faire du savon dur.

On prépare d'abord la lessive, en faisant une dissolution chaude de ce sel de soude que je vous ai montré ; on y mélange un peu de chaux éteinte. Je vous ai dit, dans une autre leçon, que la chaux éteinte s'obtenait en traitant la chaux vive par l'eau, et que la chaux vive était le résultat de la calcination des pierres calcaires ; retenez ces détails, car nous aurons souvent l'occasion de parler de la chaux.

On fait bouillir cette lessive dans une grande chaudière ; puis on y verse successivement de l'huile d'olive. Il se forme une bouillie qui s'épaissit au fur et à mesure : c'est la *saponification* qui s'opère, c'est-à-dire la combinaison de la soude avec une partie du corps gras. On la complète en y versant une lessive plus concentrée (riche en soude), puis à la fin, de l'eau salée ; le savon, devenu plus dur, vient surnager sur un liquide qu'on enlève par le bas de la chaudière. Le savon obtenu n'est pas encore assez dur ; de plus il est bleu foncé, presque noir ; on le traite par de nouvelles lessives, et on obtient, cette fois, un savon blanc et dur comme celui-ci. Pour le marbrer, on ajoute à la pâte de l'outre-mer ou de l'ocre, avant qu'elle ne soit durcie, ou du *sulfate de fer* (vitriol vert, je vous en ai déjà montré) ; ou encore du *sulfate de cuivre* qu'on appelle dans le commerce *couperose bleue*. Voici ces deux dernières substances (*planche 8*). A part la couleur, elles ont assez l'aspect du sucre candi ; je n'ai pas besoin d'ajouter qu'elles n'en ont nullement la saveur et que ce sont des poisons.

Nous avons là, sur cette même planche, de la *benzine* et de l'essence de *pétrole* ; on s'en sert aussi pour détacher les étoffes de laine ; mais je vous en parlerai dans une leçon sur l'éclairage.

RÉSUMÉ DE LA SEPTIÈME LEÇON

LE NETTOYAGE

On nettoie les vêtements avec des brosses, avec de l'eau et du savon, avec de la benzine.

Brosse. — Les brosses à nettoyer les vêtements sont faites en poils de porc ou soies, plantés par mèches, sur une plaque de bois, et maintenus dans des trous au moyen d'un fil de laiton.

Il y a aussi des brosses en racine de chiendent servant dans le ménage.

Savon. — Le savon dissous dans l'eau enlève les matières grasses qui tachent les vêtements.

Potasse et soude. — Les savons divers sont essentiellement fabriqués en traitant un corps gras, l'huile par exemple, par ce qu'on appelle dans l'industrie de la soude, c'est-à-dire du carbonate de soude ; ou de la potasse, c'est-à-dire du carbonate de potasse. Quand on lave des cendres de bois à l'eau bouillante, on obtient une lessive formée par la dissolution dans l'eau du carbonate de potasse qui était dans les cendres. Avec les cendres de végétaux marins, on aurait une lessive de soude. Ces lessives sont grasses au toucher, ont une odeur particulière et nettoient le linge. En faisant bouillir, avec des corps gras, la lessive de soude, on a un savon dur ; si c'est la lessive de potasse, on a le savon noir, dit *savon gras*.

Marbrures des savons. — Pour donner aux savons les diverses bandes teintées des savons durs ordinaires, on mélange à la pâte encore molle diverses substances colorées, telles que l'ocre, espèce de *rouille*, le *sulfate de cuivre* ou couperose bleue.

La benzine, liquide combustible provenant du goudron, enlève aussi les taches.

La benzine se reconnaît à son odeur. Enfin, le bois de Panama, bois résineux, sert aussi à nettoyer les vêtements.

Questionnaire. — Avec quoi fait-on une brosse ?
Comment et avec quoi fait-on le savon ? Qu'est-ce qu'une lessive ? Comment fait-on de la lessive ? D'où extrait-on la potasse ? La soude ? Quelle différence y a-t-il entre le savon *dur* et le savon *gras* ?
Avec quoi marbre-t-on les savons ? Montrez de la potasse, de la soude, de l'ocre, du vitriol bleu. D'où vient la benzine ? montrez-en ?
A quoi la reconnaît-on ?

LES PIERRES

COURS SUPÉRIEUR.

Nous allons parler aujourd'hui de choses que vous connaissez bien, que tout le monde connaît: les *pierres*. Je suis embarrassé; je ne sais par laquelle commencer, il y en a tant ! On en connaît plusieurs centaines ; que dis-je ! plusieurs milliers d'espèces. Vous ne les connaissez pas toutes, moi non plus; mais les savants, les voyageurs, en allant dans les divers pays du monde, en parcourant les montagnes, en pénétrant dans les mines, dans les carrières, sont parvenus à en rassembler des collections, des musées, comme il y en a un, très beau, à Paris, au Jardin des Plantes, et qui renferme des milliers de pierres de toutes sortes; il y en a de très belles, les unes sont blanches comme la neige, la craie par exemple ; d'autres sont noires et ont l'air d'avoir été fondues : elles proviennent des volcans. Il y a des pierres de toutes les couleurs. Certaines pierres transparentes, très rares, ont une grande valeur; on en fait des bijoux, tels sont : le *diamant*, les *émeraudes*, le *corindon*. Néanmoins, ces *pierres précieuses*, comme on les appelle, sont bien moins utiles que le calcaire grossier, dont je vais vous parler en détail, ou que le marbre, la pierre à plâtre, ou l'ardoise, qui sont des pierres communes.

Calcaires.—On a donné le nom de calcaires à un certain nombre de pierres, télles que la craie avec laquelle nous écrivons au tableau noir, le marbre, la pierre à bâtir, etc., qui présentent toutes un caractère bien facile à reconnaître, et que nous allons constater sur ces morceaux de craie et de pierre à bâtir. Nous y mettons une goutte de vinaigre, et tout aussitôt, cela a l'air de mousser; il en sort de petites bulles comme si l'eau bouillait; on entend même un petit bruit. Pour exprimer tout cela, on dit que les *calcaires* font effervescence avec les acides; la même chose se produirait avec l'*eau-forte*, qui est un acide. Essayons la même expérience avec la pierre à plâtre, ou avec ce morceau d'une pierre dure qu'on appelle granit: le vinaigre n'y produit rien du tout.

Les calcaires ont encore une propriété commune: c'est que lorsqu'on les chauffe très fort, jusqu'au rouge, pendant un jour ou deux, ils donnent de la chaux. Je vous ai déjà parlé de la chaux, je vous en ai montré. En voici un morceau: il a, tout à fait, l'aspect du calcaire ou *pierre à chaux* avant qu'il ait été calciné. Nous allons l'arroser d'un peu d'eau; elle est sèche en ce moment, autrement dit *vive :* les gouttes d'eau disparaissent tout de suite comme si le morceau de chaux les buvait; voici maintenant qu'elle s'échauffe; l'eau en est vaporisée; j'arrose de nouveau le morceau de chaux, vous entendez le bruissement que cela produit, puis la chaux se fendille, tombe en poussière, absorbe beaucoup d'eau, et forme à la fin une espèce de pâte qu'on appelle de la chaux éteinte. A quoi sert cette chaux? On la délaie dans l'eau pour blanchir les murailles; on la mélange au sable pour en faire le mortier des maçons; on en jette sur les terres cultivées où elle remplit le rôle d'engrais, etc.

Ces *calcaires* sont nombreux, et tous, à peu près, sont utilisés; la craie, par exemple (vous en voyez là un morceau brut), ne sert pas seulement à écrire au tableau noir, on en extrait le gaz qui en sortait tout à l'heure sous l'action du vinaigre, pour le dissoudre dans l'eau, et faire ainsi de l'eau mousseuse dite « eau de Seltz » Dans certains pays, en Champagne par exemple, on bâtit des maisons avec un calcaire blanc qui n'est que de la craie.

Le marbre, qui est très dur, est aussi un calcaire. Il y a des carrières de marbre comme il y a des carrières de craie, ou de pierre à bâtir.

Le *grain* de sa cassure est très fin, et comme il est en même temps très dur, on peut le tailler, le polir et en faire des objets d'ornement, des dessus de cheminées, et auss des statues.

Il y a des marbres de toutes les couleurs ; vous en voyez là du blanc, du noir, du veiné.

Voici une pierre jaunâtre, poreuse, très dure, qu'on appelle la pierre meulière, parce qu'elle est exploitée pour faire des meules de moulin ; mais elle sert aussi à construire les fondations des maisons, c'est-à-dire la partie des murs qui est dans la terre ; ce n'est plus un calcaire.

La pierre à plâtre, ou gypse, que je vous montre là, est jaunâtre, mais le plus souvent elle est blanche ; on peut la séparer facilement, en lames très minces, avec un canif : c'est là un de ses caractères distinctifs qu'il faut retenir ; ces petites lames, comme vous le voyez, sont transparentes comme le verre ; j'en perce une avec une épingle très facilement, je la mets une seconde dans la flamme de cette lampe à alcool, elle devient toute blanche et opaque ; c'est ce qui se passe quand on fait le plâtre. On chauffe la pierre à plâtre dans des fours ; au bout de quatre à cinq heures le plâtre est cuit, les pierres sont devenues d'un blanc mat ; on les écrase et on a le plâtre. Que s'est-il passé ? La pierre à plâtre contient de l'eau, quoique vous n'en voyez pas à sa surface : pendant la cuisson, cette eau s'en va en vapeur ; le *plâtre est donc de la pierre à plâtre qui a perdu son eau ;* aussi, qu'arrive-t-il quand on le mélange à l'eau ? il l'absorbe et redevient dur comme il était. Je fais une bouillie avec ce plâtre, et dans quelques minutes cette masse sera durcie, comme si elle s'était gelée. C'est à cette propriété que le plâtre doit ses nombreux usages. Si, quand il est en bouillie, on le coule dans un moule, il en prendra la forme, et en durcissant il reproduira l'objet qu'on avait moulé.

Ces pierres rouges et jaunes sont des pierres artificielles ; on les a fabriquées en desséchant, ou en cuisant des pâtes faites avec une terre spéciale qu'on appelle *argile*, et qui forme une pâte collante avec l'eau. Dans ce petit tube, vous voyez de l'argile naturelle, un peu desséchée. Les briques, de toutes sortes, sont faites avec de l'argile. Quand sur une brique vous voyez des traces de verre, c'est que la brique a été chauffée jusqu'à se fondre. Mais il y a des briques, comme celle-ci, qui résistent au feu, et qu'on appelle à cause de cela briques réfractaires ; elles servent à construire les fours qui doivent être fortement chauffés.

Les briques ne sont pas seulement utilisées dans la construction des cloisons, des cheminées, etc. ; dans certains pays où il n'y a pas de pierre à bâtir, on fait les maisons en briques. Il y a des villes entières construites en briques. Ceci est un carreau ; il est carré tandis que la brique est allongée ; on en fait de diverses couleurs, il est fait avec de l'argile comme la brique. Les carreaux servent à paver les corridors, les foyers de cheminée.

Voici des tuiles, elles sont en argile ; vous savez qu'elles servent à couvrir les maisons. Les ardoises, qui servent au même usage, et qu'on exploite à Angers et dans les Ardennes, sont des pierres bleues ou violettes qu'on peut tailler en lames quelquefois très minces. On les exploite à la profondeur de trois ou quatre cents mètres ; il y a des pays où toutes les maisons sont couvertes en ardoises. Ces couvertures durent longtemps, mais l'ardoise est est quelquefois brisée par la grêle. Voici du grès, c'est une pierre très dure, à grain plus ou moins fin, qui sert au pavage ; on en fait aussi des pierres à repasser. Il constitue des rochers entiers dans la forêt de Fontainebleau et dans les Vosges.

La magnifique cathédrale de Strasbourg est construite en grès rouge. Il nous faudrait encore plusieurs leçons pour parler seulement des diverses pierres que je vous montre là, de leurs usages dans les diverses constructions, et surtout de leur extraction dans les carrières. Ce sera pour une autre fois.

RÉSUMÉ DE LA HUITIÈME LEÇON

LES PIERRES

COURS SUPÉRIEUR

On connaît aujourd'hui plusieurs milliers d'espèces de pierres. Il y en a de toutes les couleurs. Certaines pierres noires paraissent avoir été fondues. Elles proviennent des volcans.

Calcaires. — Il y a toute une classe de pierres appelées calcaires, qui sont très communes et qu'on reconnaît facilement. Les calcaires font effervescence avec les acides, avec le vinaigre par exemple. Quand on calcine un calcaire, on a pour résidu une substance qui a conservé le même aspect : c'est la chaux.

La chaux. — La chaux *vive*, mise en contact avec l'eau, s'échauffe et tombe en poussière, puis forme finalement une bouillie appelée chaux éteinte. Cette chaux sert à blanchir les murailles, les plafonds, puis elle entre dans les mortiers.

L'acide carbonique. — Le gaz qui se dégage des calcaires quand on les calcine ou quand on les traite par un acide, est l'acide carbonique ; en le dissolvant dans l'eau, on forme l'eau de Seltz.

Craie, marbre, pierre à bâtir. — La craie, le marbre, la pierre à bâtir sont des calcaires.

La pierre meulière est une pierre très dure, poreuse ; ce n'est point un calcaire.

Gypse, plâtre.— La pierre à plâtre ou gypse, donne du plâtre quand on la cuit. Cette pierre est transparente, souvent elle se sépare en lames très minces avec facilité.

Le plâtre est une poussière blanche qui se rendurcit quand on le met en présence de l'eau. On en fait des statuettes, des modèles.

Briques, tuiles. — Les briques, les tuiles et les carreaux sont des pierres artificielles faites d'argile *cuite*. Les briques servent à la construction des cloisons; dans certains pays où la pierre à bâtir est rare, on fait des maisons en briques. Les tuiles servent à la couverture des maisons. Les ardoises sont des pierres bleues ou violettes, taillées en lames minces. On les exploite à Angers et dans les Ardennes à d'assez grandes profondeurs.

Questionnaire. — Qu'est-ce qu'une pierre calcaire? à quoi reconnaît-on un calcaire ?

Voici de la craie et du vinaigre; faites voir que la craie est un calcaire.

Qu'est-ce que le gypse? Comment fabrique-t-on le plâtre? Propriétés du plâtre. Voici du plâtre et de l'eau ; essayez-le. A quoi sert le plâtre ?

Comment fait-on les briques? A quoi servent-elles ? Et les tuiles. Qu'est-ce qu'une ardoise ? Montrez-en. A quoi servent les ardoises? Où les trouve-t-on? Sont-elles minces comme cela dans la carrière? Qu'est-ce que le grès ? A quoi sert-il ?

LE BOIS

COURS ÉLÉMENTAIRE ET COURS MOYEN

Pour construire nos maisons, il ne suffit pas d'avoir des pierres, des briques et du mortier pour les unir; il faut encore du bois, du fer, etc. La charpente qui supporte le toit est en bois, les portes et les fenêtres sont aussi en bois, et l'ameublement, les commodes, les armoires, les lits, les chaises, tout cela n'est-il pas en bois? Et les voitures de toutes sortes, les wagons de chemin de fer ne sont-ils pas construits avec des planches, des morceaux de bois divers fixés par des pièces en fer. Ne nous chauffons-nous pas aussi avec le bois? Dans les pays de forêt, on ne brûle de charbon de terre, ou du coke, que dans les usines et dans les machines à vapeur; mais dans les ménages on se sert exclusivement de bois. On peut le dire sans exagération, le bois est un des éléments les plus importants de la richesse des nations civilisées.

Je ne vous parlerai pas aujourd'hui du bois de chauffage, mais plutôt du bois de construction et d'ébénisterie.

Pour le chauffage, on se sert des branches, des jeunes tiges, des copeaux, des troncs morts ou gâtés par l'âge; pour le bois qui doit être travaillé, on réserve les troncs et les grosses branches.

Principales espèces de bois. — Les principales espèces, ou plutôt essences, c'est le mot en usage, employées pour la construction, la menuiserie, le charronnage, la carrosserie, sont surtout : le chêne, le roi de nos forêts, le plus utile de tous ; ses magnifiques troncs sont employés tout entiers dans la construction des navires. ou bien découpés en poutres, en planches dans les scieries. Après le chêne, le hêtre qui est encore peut-être plus gros, l'orme, le charme, le frêne, le sapin, le peuplier, le tilleul, le noyer, le cerisier, l'acacia, l'érable, l'acajou, le palissandre, etc. Voici une rondelle de charme ; l'enveloppe grise est autour, c'est l'écorce : on peut l'enlever facilement. Vous rappelez-vous que certaines écorces, notamment celle de chêne, sont moulues pour tanner le cuir. Sur cette surface blanche vous pouvez distinguer des circonférences, puis des rayons qui partent d'un même centre ; cette disposition régulière se voit sur tous nos arbres, et on a remarqué qu'il se forme chaque année une nouvelle couche concentrique, de sorte que leur nombre indique l'âge du tronc. Dans nos forêts de France, on trouve souvent de gros hêtres et des chênes de quatre ou cinq cents ans et plus. Des cyprès, des oliviers, des cèdres, atteignent trois ou quatre mille ans, dit-on.

Au centre de la rondelle, vous voyez un petit rond plus blanc que le reste, c'est la moelle ; cette substance est douce, molle, légère ; dans le jeune sureau, elle remplit les trois quarts de la tige. Dans les vieux troncs elle disparaît et laisse une fente à sa place. Ici, dans cette rondelle de charme, elle est à peine visible. Entre l'écorce et le bois proprement dit, vous voyez une couche d'une teinte différente ; elle est comme humide dans le bois vert, surtout au printemps ; cette couche s'appelle l'aubier, on la distingue très bien dans le chêne. C'est entre l'écorce et le bois que passe la sève au printemps, quand le bois pousse, et c'est à ce moment-là que se forme l'aubier.

Quand on travaille le bois, on doit enlever l'aubier, parce que, comme il est plein de sève, les vers s'y mettent et il tombe bientôt en poussière.

eu de personnes, en dehors des gens du métier, connaissent les diverses essences de bois de nos forêts. Sur pied, on peut les reconnaître, quand on en a l'habitude, à leur aspect général, je dirais volontiers à leur physionomie, qui tient de la couleur de leur écorce, de la hauteur de leur tronc, de la forme et de la nuance de leurs feuilles, de la direction et de la plus ou moins grande abondance de leurs branches, etc.

Quand le bois est débité, c'est-à-dire scié en morceaux, en planches, c'est plus difficile de reconnaître les espèces, à moins d'avoir l'habitude de le travailler.

Nous avons ici une série d'échantillons que vous allez regarder de près. Nous les reverrons, à différentes reprises, pour que vous appreniez à en reconnaître un morceau au premier coup d'œil.

Voici du sapin blanc de France, du sapin rouge de Norwège. Son nom lui vient de la couleur des lignes assez nombreuses, plus ou moins larges, que vous voyez à sa surface. Il y en a aussi sur le sapin de France. Le sapin est un bois résineux, c'est-à-dire que la sève a déposé de la résine dans ses pores, aussi brûle-t-il facilement. Dans les montagnes des Vosges, on trouve d'aussi beaux sapins que ceux de Norwège.

Voici du chêne qu'on reconnaît à sa couleur d'un gris jaune, et à ces bandes lisses, ou mailles, recherchées pour le chêne d'ameublement.

Voici du noyer, reconnaissable à sa teinte et à ses veines; de l'érable; c'est un bois de notre pays, très dur; on l'emploie pour faire des outils.

De l'acajou, très employé dans l'ébénisterie et qui nous vient surtout du Brésil. Du palissandre, bois violet avec des teintes jaunes et noires, employé aussi dans la confection des meubles, et qui vient de la Guyane. De l'ébène, très beau bois noir des Indes. Le pommier de nos vergers, bois jaune très serré, très doux, qu'on emploie dans la fabrication des outils légers et délicats, ainsi que dans la fabrication des meubles de luxe.

Bois blancs, leur conservation. — Dans les constructions légères, provisoires, on emploie de grandes quantités de bois dits *bois blancs : trembles, peupliers*, etc., qui ne coûtent pas très cher, mais qui n'ont pas de qualité de durée.

On les trouve abondamment dans les diverses régions de l'Europe, sur les bordures des forêts, des routes, le long des rivières et des canaux.

En faisant pénétrer, par la pression, des dissolutions de certains produits chimiques, de vitriol vert par exemple, je vous en ai montré, dans les pores des bois blancs et des bois tendres, on les préserve des vers, et alors on peut les utiliser à la place du chêne, qui devient rare en France, pour faire les traverses sur lesquelles reposent les rails des chemins de fer. C'est là une très curieuse et très utile invention, qui a précisément été faite, il y a une cinquantaine d'années, quand on a commencé à construire des chemins de fer.

En voilà assez pour aujourd'hui ; une autre fois, nous nous entretiendrons de divers produits industriels provenant du bois, et que je vous montre là en terminant. Voici du goudron de bois, c'est un liquide noir, gluant, qui provient de la distillation du bois ; voici de l'esprit de bois : c'est un liquide incolore, combustible, qui a une forte odeur. On l'appelle esprit, parce qu'il a des analogies avec l'esprit-de-vin ; comme lui, il brûle et passe facilement en vapeur. Voici de la résine, de la gomme, du caoutchouc, de la gutta-percha.

RÉSUMÉ DE LA NEUVIÈME LEÇON

LE BOIS

COURS MOYEN

Les troncs et les grosses branches des arbres sont employées de deux manières : 1° en grosses pièces ou poutres dans la construction des charpentes ; 2° en planches dans l'ameublement.

Le chêne est de beaucoup le plus utile des arbres à ce point de vue ; ensuite viennent le sapin, le hêtre, le charme, le peuplier, l'érable, l'acajou, etc. Les bois durs, comme l'érable, sont employés à faire des outils, des socles de charrues. Les bois tendres le sont dans les constructions de peu de durée.

Ces diverses espèces ou essences se distinguent à la couleur, à la finesse du grain, aux lignes teintées de quelques-uns, quand le bois a été scié. Dans la forêt, il faut une certaine habitude pour les reconnaître à leur écorce, à leur feuillage, à l'abondance de leurs branches, à la hauteur du tronc, etc.

.L'écorce de chêne sert à faire le *tan*. Dans une section de tronc, de chêne par exemple, on distingue des lignes concentriques dont le nombre est égal à celui des années ; puis des rayons allant du centre à l'écorce. Au centre, on voit la moelle ; quand elle a disparu, dans les vieux troncs, il y a un trou ou une fente. Entre l'écorce et le bois se trouve l'aubier, bois nouveau, imprégné de sève et qui se gâte facilement.

Questionnaire. — Comment distingue-t-on les diverses espèces de bois? Montrez du chêne ; du charme; du hêtre; de l'acajou; du noyer; du sapin. Où est l'aubier? qu'est-ce que l'aubier ? à quoi sert l'écorce de chêne?

METALLURGIE : LE FER, LA FONTE, L'ACIER

COURS SUPÉRIEUR

La plupart des métaux, et particulièrement le fer, ont, avec le bois, puissamment servi à la civilisation; c'est sans doute à cause de cela qu'on appelle *âge du fer* l'époque, très reculée, à laquelle les hommes ont commencé à travailler le fer et à s'en servir. Quoique ce métal soit plus répandu dans la terre que l'or, l'argent et même le cuivre, ces métaux ont été connus et utilisés bien avant lui.

Minerais.—Cela se comprend, car on les trouve dans la terre tels que vous les voyez là, tandis que le fer ne s'y trouve qu'à l'état de terre, ou de pierre, qu'on appelle *minerai.*

Voici du minerai de fer: c'est une pierre d'un *rouge* foncé; quelquefois le minerai est jaune, parfois gris comme le fer (*planche 10*).

Pour faire sortir le fer de cette substance qui est une espèce de rouille, et dans laquelle il se trouve uni à d'autres substances, il faut la chauffer avec du coke ou du charbon de bois, à très haute température. Le coke, vous le connaissez, c'est du charbon grisâtre, poreux, qui est le résidu de la calcination de la houille, dans des fours (*planche 10*).

Fabrication de la fonte. —Le traitement du minerai se

4

fait dans les *hauts fourneaux*, espèces de fours profonds où on introduit alternativement une couche de minerai et une couche de coke par l'ouverture supérieure qu'on appelle le *gueulard*; en haut de la planche 10, vous voyez un dessin qui représente la forme de ces fours. Quand on a allumé le coke par le bas, on fait arriver par l'ouverture inférieure un violent courant d'air produit par un puissant soufflet; toute la masse est en feu, le charbon brûle et enlève au fer le gaz oxygène, qui était combiné avec lui ; le soir on aperçoit au loin la flamme violacée qui sort par le gueulard. Le fer libre est fondu et coule au bas du four ; je dis le fer, ce n'est pas du fer pur, c'est du fer combiné à un peu de charbon ; on l'appelle *fonte*.

C'est avec la *fonte* qu'on fera le *fer* et l'*acier*.

A la surface de la fonte incandescente et liquide se trouvent des résidus de minerai, sous forme de croûte ; cela s'appelle du *laitier* ou des *scories;* on les enlève avec un crochet de fer, puis on fait couler la fonte dans des rigoles creusées dans le sable. On obtient ainsi de grandes barres appelées *gueuses* et qu'on convertira ensuite en fer ; je vous dirai tout à l'heure comment.

Si l'on veut faire des objets en fonte, des marmites, des chaudrons, des chênets, des poêles, des colonnes pour soutenir les plafonds, etc., on coule le métal fondu dans des moules en sable.

La fonte n'a pas les propriétés du fer, elle est *cassante;* mais elle se fond bien plus facilement que le fer, qu'on ne peut pas couler. D'un autre côté, on ne peut pas la travailler au marteau comme le fer. Les objets en fonte sont relativement peu coûteux.

Je vous montre là différentes espèces de fontes : de la fonte grise, de la fonte blanche; il n'y a pas entre elles une grande différence.

Voici de la fonte *malléable*, c'est-à-dire qui est peu cassante et qu'on peut travailler presque comme le fer pur. On l'obtient en chauffant la fonte ordinaire au contact de la poussière de minerai.

Il faut que je vous fasse remarquer la cassure de la fonte. Elle est formée, comme le sucre, d'une infinité de petits cristaux. Voici un morceau de scorie, cela ressemble à du verre impur. On l'écrase et on en fait une espèce de grès qu'on met sur les chemins, et qui est aussi employé pour faire du mortier.

Fer.— Tout le fer dont on se sert, sous n'importe quelle forme, fils, tôle, clous, lingots, outils, socles de charrue, fers à cheval, rails, etc., a été extrait du minerai à l'état de fonte, c'est-à-dire de fer combiné à du charbon. Ainsi avec le minerai on obtient la fonte; avec la fonte on fait le fer. Nous verrons tout à l'heure qu'avec le fer on fait l'acier.

Comment fait-on du fer proprement dit avec la fonte? On chauffe la fonte jusqu'à ce qu'elle soit fondue, puis on fait arriver dans la masse un puissant courant d'air qui brûle le charbon de la fonte: les scories ou impuretés restent à la surface. Le fer purifié n'est plus liquide, mais pâteux; on le ramasse en boule avec un ringard, et on a alors une masse poreuse pénétrée encore d'impuretés.

On la soumet au *marteau-pilon*, énorme marteau pesant souvent plusieurs centaines de kilogrammes, et qui, mis en mouvement par une machine à vapeur, frappe à coups redoublés le morceau de fer, en fait jaillir les impuretés, et en même temps le rend fibreux et par suite tenace. En haut de cette planche, vous pouvez voir la manœuvre d'un marteau-pilon. Il est évident qu'on peut forger une petite masse de fer sans marteau-pilon, en la frappant énergiquement avec un marteau sur une enclume. Le fer est plus utile et plus employé que la fonte; ses principales propriétés sont: 1° de se ramollir quand on le chauffe au rouge et de se laisser alors facilement travailler; 2° de se souder à lui-même; deux

morceaux de fer chauffés au rouge, appliqués l'un contre
l'autre et martelés, se soudent. c'est-à-dire adhèrent solide-
ment l'un à l'autre ; 3° le fer est très dur, il s'use difficilement et
ne se casse pas ; 4° il est très tenace. Voici un petit fil de fer
très mince, il peut cependant porter le plus lourd d'entre
vous. Ce sont ces précieuses propriétés qui font que le fer
est employé à tant de choses, qu'on peut dire, que la consommation du fer marche parallèlement avec la civilisation.
Toutes les grandes inventions modernes, la vapeur, les chemins de fer, les télégraphes, les perfectionnements apportés
dans les instruments agricoles, dans les outils des diverses
industries, ont décuplé la consommation du fer. La quantité
de fer qu'une nation comme la France utilise annuellement,
est véritablement prodigieuse ; vous ne pouvez pas vous en
faire une idée, mais vous voyez que le fer est partout autour
de nous. Il tend même à remplacer le bois dans la construction des maisons et des navires.

Le fer se rouille. — Le fer a cependant un grand défaut, il se rouille. Voilà des clous, puis un couteau, qui ont
été exposés à l'humidité : ils sont tout rouillés ; à la longue, il
n'y aurait plus que de la rouille, le fer serait pour ainsi dire
retourné à l'état de terre de minerai.

Il ne se rouille cependant qu'à l'air humide ; aussi, peut-on
le préserver de la rouille en le recouvrant d'une couche de
peinture, comme on le fait pour les grilles, ou d'une mince
couche de métal moins altérable que lui, comme le zinc ; le
fer-blanc ou fer étamé est du fer recouvert d'étain ; le fer,
dit *galvanisé*, est du fer qui a été recouvert de zinc. Aujour-
d'hui la plupart des ustensiles de cuisine, en fonte, sont recouverts intérieurement d'une couche d'émail, espèce de
verre blanc qu'on a fondu sur le métal même.

Tôle et fils de fer. — Comme je vous le disais tout à
l'heure, les qualités du fer l'ont fait employer à la fabrication

de toutes sortes de choses. Voici de la tôle : c'est du fer laminé ; on en fait des tuyaux de poêle, de fourneaux, etc. Pour obtenir la tôle, on chauffe le fer au blanc, puis on le fait passer au *laminou*, c'est-à-dire entre deux cylindres de fer mis en mouvement par une puissante machine et de plus en plus rapprochés.

Pour faire du fil de fer, on fait passer le métal à la *filière*; on ne se sert pour cela que de fer de très bonne qualité. Une tringle de fer est chauffée au rouge, puis son extrémité, d'abord effilée, est introduite dans un trou percé dans une lame d'acier ; une machine tire cette extrémité et force la tringle à passer dans le trou de la filière en se réduisant en un fil de même diamètre que le trou. On fait ainsi passer le fil dans une série de trous de plus en plus petits, pour obtenir des fils de toutes dimensions.

L'acier. — L'acier contient moins de charbon que la fonte et plus que le fer; il est plus flexible et au moins aussi facile à travailler, et on le fond comme la fonte. Autrefois, on ne savait fondre que de petites masses d'acier; mais aujourd'hui on fabrique les plus gros canons et les plus grosses pièces de la marine en acier fondu.

Quand l'acier est chaud, si on le refroidit brusquement dans l'eau, il se *trempe*, c'est-à-dire qu'il devient très dur. il sert alors à fabriquer les lames de couteaux, les outils tranchants, les limes, les aiguilles, les scies ; l'acier trempé est élastique : on l'emploie pour faire les ressorts de serrures, de montres. Les plumes dont vous vous servez pour écrire, sont en *acier trempé*, parce qu'elles doivent avoir une certaine élasticité. Prenez tous une plume, et faites une grosse lettre, un O, par exemple, vous verrez que les becs s'écartent en formant la partie la plus grosse de la lettre et qu'en suite ils se rapprochent tout seuls. Voilà un ressort de montre d'une élasticité parfaite, comme vous pouvez le voir.

4.

L'acier est la meilleure forme du fer. Ses usages deviennent de plus en plus nombreux ; il tend à remplacer le fer et la fonte. C'est un des plus puissants leviers de la richesse et de la puissance modernes.

Remarque. — On peut faire une leçon au cours moyen ou au cours élémentaire sur le fer, en supprimant dans la précédente les détails qui l'allongent trop pour ces cours-là, et qui ne seraient pas bien compris des enfants. On se contentera, surtout pour le cours élémentaire, de montrer du minerai en indiquant son origine, de la fonte, de l'acier, du fer en tôle et en fil, de plier le fer, de casser si c'est possible un morceau de fonte. On montrera un morceau de scorie qu'on écrasera d'un coup de marteau. Enfin, on fera surtout constater par les élèves les caractères apparents, on donnera les usages, sans parler des manipulations industrielles par lesquelles passe le fer.

Ces observations, du reste, peuvent s'appliquer à toutes les leçons du cours supérieur.

RÉSUMÉ DE LA DIXIÈME LEÇON

FER, FONTE, ACIER

COURS SUPÉRIEUR

Les usages du fer augmentent avec le développement de la civilisation.

Les minerais de fer sont rouges ou jaunes ; il y en a un qui a le gris du fer.

Fonte. — On en extrait le fer à l'état de fonte, c'est-à-dire de fer combiné à un peu de charbon, en chauffant fortement le minérai avec du charbon ; celui-ci brûle en débarrassant le fer de l'oxygène auquel il est associé dans le minerai comme dans la rouille.

La fonte est fusible et cassante, on la coule dans des moules.

Fer. — Le fer est tenace, dur, malléable; on l'étire en fils, mais il se rouille facilement à l'air. Pour le protéger on le recouvre de diverses substances : de peinture, de zinc (fer galvanisé); d'étain (fer étamé).

On obtient le fer en martelant la fonte chauffée.

Acier. — L'acier est du fer contenant moins de charbon que la fonte; il est dur, tenace, fusible. On en fait aujourd'hui de nombreux usages. On le rend élastique et dur en le *trempant*, c'est-à-dire en le refroidissant brusquement dans l'eau froide après qu'il a été porté au rouge.

Questionnaire. — Montrez-moi du minerai de fer. Quelle est sa couleur? Comment en extrait-on le fer? Quel rôle joue le charbon ? Qu'est-ce que la fonte ? A quoi sert-elle? Qu'est-ce que l'acier? En quoi diffère-t-il du fer? Quels sont ses propriétés ? Montrez-moi de l'acier; ressemble-t-il au fer? En quoi en diffère-t-il ? A quoi emploie-t-on le fer? l'acier? Qu'est-ce que la trempe? A quoi sert-elle?

LE CUIVRE, LE PLOMB, L'ÉTAIN, LE ZINC

COURS ÉLÉMENTAIRE

Les métaux dont je vais vous parler, et que je vais vous montrer, ont de nombreux usages. Vous les connaissez déjà ; tout le monde les a vus (*planche 10*).

Voici du cuivre, il est rouge ; quand il est poli, il est très brillant ; c'est certainement l'un des plus beaux métaux. On dit souvent que le cuivre est jaune, parce qu'on le confond avec le *laiton*, qu'on obtient en fondant du zinc avec du cuivre.

Le mélange de deux ou plusieurs métaux différents s'appelle un alliage. L'invention d'un alliage utile vaut presque celle d'un métal nouveau.

Le laiton, ou cuivre jaune, est plus dur et plus résistant que le cuivre pur, c'est-à-dire que le cuivre rouge. L'un et l'autre peuvent être réduits en feuilles très minces et en fils très fins. Vous voyez là des fils et des feuilles de l'un et de l'autre ; vous les distinguez par leur couleur.

Vert-de-gris. — Quand le cuivre est à l'air humide, ou qu'il est en contact avec des aliments, des sauces, des corps gras ou des acides, comme le sont souvent les ustensiles de cuisine, il se rouille, et donne du vert-de-gris qui est un poison, il ne faut pas l'oublier. Les objets de cuivre communiquent aux doigts une odeur particulière, qui rappelle celle du *vert-de-gris*.

Bronze.—Les diverses espèces de *bronzes*, avec lesquels ont fait les cloches, les sous, les canons, les objets d'art, statues, candélabres, etc., sont formés principalement de cuivre et d'étain. Voici des bronzes de diverses nuances, ce sont des *alliages*. Ils sont plus durs que le cuivre.

Étain. — L'étain est blanc comme l'argent, très brillant quand il est poli. On ne l'étire pas en fils, mais on en fait des feuilles très minces qui servent à empaqueter le thé, le tabac fin, le chocolat, etc.; on en fait aussi des cuillères, etc. Il ne s'altère pas comme le cuivre et le fer, mais il faut éviter de le chauffer sur des charbons, car il fond facilement.

Plomb. — Comme vous le voyez par le contraste de ces échantillons, le plomb est moins blanc que l'étain; il est presque bleu, il est aussi très mou, il s'altère quelquefois, et alors il est vénéneux comme le cuivre, c'est-à-dire qu'il peut faire du mal et même empoisonner.

On en fait surtout des tubes, comme celui-ci, pour le gaz et pour les eaux. On en recouvre aussi les corniches et les toitures de monuments; les cathédrales et les palais sont couverts en plomb.

Le plomb, comme l'étain, fond très facilement. Nous allons fondre ce morceau-là avec cette petite lampe à alcool.

Zinc. — Le zinc a, à peu près, la couleur du plomb; il est, comme lui, moins blanc et moins brillant que l'étain; il est moins mou que le plomb. On l'emploie surtout en feuilles; aujourd'hui on en fait une grande consommation pour la couverture des maisons. Comme il est facile à travailler, on en fait toutes sortes d'objets, voire même des ornements à bon marché, des corniches découpées, comme vous le montre cet échantillon, des comptoirs, des gouttières, etc. Ces métaux, depuis le fer jusqu'à l'argent, en passant par l'antimoine et le nikel, que je vous montre, mais dont je ne vous parlerai pas aujourd'hui, sont tous, à l'exception du cuivre, d'une nuance qui va du gris foncé au blanc; de plus, on ne peut pas les confondre avec une autre substance, du papier ou du bois, par exemple, qui aurait la même couleur. Vous y voyez quelque chose de brillant, de particulier, qu'on appelle l'éclat métallique, et qui fait reconnaître tout de suite un métal.

La plupart des produits qu'ils donnent, quand ils s'altèrent, sont des poisons. Enfin leurs usages dépendent surtout de la facilité avec laquelle ils s'étirent en fils ou se réduisent en feuilles, puis de leur résistance, de leur dureté.

Minerais. — Ces métaux ne se rencontrent point purs dans la terre, si ce n'est le cuivre, et encore se trouve-t-il plus souvent à l'état de pierre ou minerai qu'à l'état pur.

Voici du minerai de cuivre, il a presque la couleur et l'éclat du cuivre. Certains minerais de cuivre sont bleus, comme le vitriol bleu que voici; presque tous les corps qui contiennent du cuivre sont bleus ou verts; le vert-de-gris qui se forme sur les objets de bronze exposés à l'air humide est bleu, quelquefois vert.

Voici du minerai d'étain, puis du minerai de zinc qu'on appelle *calamine:* cela ressemble plus ou moins à une pierre; celui qui est rouge est tel qu'on l'a trouvé dans la mine, le blanc provient du rouge après qu'il a été chauffé.

En général, et sans entrer dans aucun détail, je vous dirai, que pour faire sortir le métal du minerai, il faut le chauffer avec du charbon; cela s'applique non seulement à la préparation du fer, mais à celle de presque tous les métaux.

RÉSUMÉ DE LA ONZIÈME LEÇON

CUIVRE, PLOMB, ÉTAIN, ZINC

COURS ÉLÉMENTAIRE

Cuivre. — Le cuivre est *rouge*, très *brillant;* il ne faut pas le confondre avec le *laiton* qui est jaune et qu'on obtient en fondant du *zinc* avec du *cuivre;* c'est un *alliage*. Le cuivre et le laiton peuvent être réduits en feuilles très minces et en fils très fins.

Le cuivre, à l'air humide ou en contact des corps gras ou des acides, se recouvre de vert-de-gris ; le vert-de-gris qui est pour ainsi dire la rouille du cuivre, est un poison.

Bronzes. — Les *bronzes* sont des alliages de cuivre et, le plus souvent, d'étain.

Étain. — L'*étain* qui est blanc comme l'argent, se réduit très facilement en feuilles minces mais non en fils. Il en est de même du plomb qui se distingue de l'étain par sa nuance bleuâtre.

Quand le plomb s'altère, il donne naissance à des produits vénéneux.

Zinc. — Le *zinc*, dont la couleur ne diffère guère de celle du plomb, est plus dur, et peut s'étirer en fils; on l'emploie en tôle, il a de nombreux usages.

Les minerais de ces métaux ressemblent à des pierres; il y a des minerais de cuivre qui sont jaunes, brillants comme du métal, d'autres sont bleus ou verts comme le vert-de-gris.

Questionnaire. — Quelle est la couleur du cuivre? Montrez-nous du cuivre. Comment appelle-t-on ce métal jaune? Que contient-il? Montrez-nous de l'étain ; du plomb; du zinc. En quoi diffèrent-ils? Montrez leurs minerais. Quelle est la couleur du vert-de-gris? Où se produit cette substance? A quoi sert le cuivre? le zinc? le plomb? l'étain? Qu'est-ce que le bronze? A quoi sert-il?

CHAUFFAGE : LA HOUILLE ET LE COKE

COURS MOYEN

Avec quoi nous chauffons-nous en hiver? comment, en tout temps, faisons-nous cuire nos aliments? Avec le feu, c'est-à-dire en brûlant un corps combustible, du bois, de la houille, du coke, de la tourbe.

Je vais vous parler aujourd'hui de la houille, qui est le combustible le plus important, l'aliment indispensable des machines à vapeur, et, par conséquent, de l'industrie. C'est en brûlant de la houille ou du coke qui en provient, dans la chaudière d'une machine à vapeur ou d'une locomotive, qu'on fournit à la vapeur d'eau la force si grande qui fait marcher la machine.

Les anciens ne connaissaient pas la houille, en tout cas ils ne s'en servaient point. Du reste le bois n'était pas rare, et ils n'avaient pas de machines à vapeur à chauffer.

Vous savez que la houille est noire, luisante, qu'elle se casse facilement en plaques régulières. En voici un morceau sur lequel nous pouvons faire l'expérience. Elle brûle très facilement, avec une flamme éclairante, en donnant de la fumée et une odeur qu'on reconnaît tout de suite; la houille ne se délaye pas dans l'eau; on peut la conserver en plein air. La houille n'est autre chose que du charbon, comme le charbon de bois, charbon impur; on l'appelle charbon de terre parce qu'on le retire de l'intérieur de la terre.

Je vais vous montrer un échantillon de houille que vous regarderez de très près. Vous voyez comme il est formé,

pour ainsi dire, de couches feuilletées que je sépare facilement avec mon couteau. Remarquez, en outre, qu'en certains
endroits on voit des empreintes de feuilles, de tiges même,
comme si on avait comprimé des plantes sur une pâte noire,
qui, en durcissant ensuite, serait devenue la houille et aurait
conservé ces empreintes.

A cause de cela, les savants pensent que la houille a été
produite par de grandes quantités de plantes accumulées
dans des endroits profonds, dans des marais, dans le lit
des fleuves, puis, qu'elles ont été carbonisées pendant qu'elles
étaient comprimées par la terre qui s'était déposée par-
dessus. Mais il a fallu bien du temps, des milliers et des
milliers d'années, pour que cela se passe ainsi.

Houillères. — Quand des ingénieurs ont découvert un
ban de houille dans la terre, on creuse un puits très pro-
fond, et lorsqu'on arrive à la houille, les mineurs l'enlèvent
en gros morceaux, à coups de pic. On la remonte dans un
grand panier très solide suspendu à une forte courroie qui
s'enroule autour d'un treuil, mis en rotation par une machine
à vapeur. La houille est ensuite expédiée par wagons dans
les différents pays.

Les mineurs creusent ainsi sous le sol, à quatre, cinq, six
cents et même mille mètres de profondeur, d'immenses galeries où ces pauvres gens passent une partie de leur vie à
travailler, quelquefois à genoux, parfois couchés à plat ventre,
quand la galerie est très basse.

Dans ces mines, il se dégage du charbon de terre un gaz
qu'on ne sent pas, qu'on peut respirer sans s'en douter; il
s'accumule dans les galeries; la moindre étincelle y met le
feu : une explosion formidable se produit et les pauvres mineurs sont tués ou brûlés. C'est ce qu'on appelle le *feu
grisou.*

Consommation de la houille. — L'industrie moderne,

les chemins de fer et le chauffage consomment chaque année, une quantité de cette précieuse substance dont vous ne pouvez vous faire une idée. La houille ne coûte pas cher ; cependant certaines grandes machines à vapeur en dévorent pour 3 ou 4 000 francs par jour.

En Europe, c'est l'Angleterre qui en produit le plus ; elle en vend beaucoup aux autres nations, malgré l'immense consommation qu'en fait son industrie.

A Newcastle, dans le nord de l'Angleterre, là, sur la mer du Nord, 40,000 ouvriers en extrayent chaque jour de quoi charger 300 navires.

En France, des mines de houille sont exploitées dans le Nord, surtout à Anzin, dans le Pas-de-Calais, dans le Rhône et dans la Loire.

Coke. — Quand on chauffe la houille dans un vase, comme je vais le faire dans ce petit tube, elle devient un peu molle, dégage une fumée épaisse qui peut brûler, vous le voyez ; puis à la fin on trouve comme résidu un charbon grisâtre, assez dur, rempli de trous : c'est le coke.

En voici ; quand on remue des morceaux de coke avec une pelle, ils résonnent comme un métal. Le coke a les mêmes usages que la houille ; dans le chauffage des appartements on le préfère à la houille, il ne donne en brûlant ni fumée ni flamme et ne répand point d'odeur.

On le fabrique surtout dans les usines à gaz, c'est le résidu solide de la fabrication du gaz. Car cette fumée que j'ai allumée et que vous avez vue brûler, c'était du gaz, du gaz d'éclairage impur ; mais c'est comme cela qu'on le prépare, en chauffant la houille dans de grandes cornues en terre. Le gaz va se purifier en passant dans des tubes et dans des cloches où il abandonne différents produits en se refroidissant, entre autres le *goudron*, cette pâte noire que je vous montre là, dont vous connaissez l'odeur, qui est très saine du reste.

Remarque. — En faisant une leçon sur la houille dans un cours supérieur, on donnera quelques détails sur la préparation du gaz, la nature des substances qui servent à le purifier, puis sur le parti que l'on tire du goudron, etc.

RÉSUMÉ DE LA DOUZIÈME LEÇON

LA HOUILLE, LE COKE

COURS MOYEN

La houille est un combustible qu'on extrait de la terre, où ses gisements se trouvent à plusieurs centaines de mètres de profondeur. Elle se brise sous le choc et se sépare en feuillets. Elle ne se dissout pas dans l'eau.

Les plaques de houille présentent souvent à leur surface des empreintes de végétaux, feuilles ou tiges, qui font penser que la houille a été formée par des amas de végétaux enfouis au fond des vallées, ou dans le lit des rivières, et ensuite comprimés par les dépôts de terre qui s'y sont superposés.

La consommation de la houille est prodigieuse, depuis que les chemins de fer et les machines à vapeur ont pris un grand développement.

Coke. — Quand on chauffe la houille dans des cornues, il s'en dégage un gaz combustible, c'est le gaz d'éclairage ; et il reste un produit solide, gris, brillant, poreux, c'est le coke. Le coke est un combustible précieux pour l'industrie ; il brûle sans flamme, mais donne beaucoup de chaleur. Dans les appartements, il est plus propre que la houille.

Questionnaire. — Montrez-moi de la houille ; du coke. Quelle différence y voyez-vous ? A quoi servent-ils ? D'où extrait-on la houille ? Comment fait-on le coke ? Comment suppose-t-on que la houille se soit formée ? Donnez une idée de la production annuelle de la houille.

L'ÉCLAIRAGE

COURS MOYEN

Tous les procédés que l'on a employés, et que l'on emploie encore aujourd'hui pour l'éclairage, reviennent toujours, comme pour le chauffage, à brûler quelque combustible. Il n'y a qu'une restriction à faire, c'est en faveur de la lumière électrique qui éclaire sans qu'il y ait de combustion; on peut la produire dans l'eau et dans le vide, là où il n'y a plus d'air, et où les corps ne brûlent pas. Je vous en parlerai plus loin.

L'éclairage ancien était bien défectueux; on brûlait des torches de résine comme celle que je vous montre là : c'est tout simplement un cordon de chanvre brut, qui a été plongé dans de la résine fondue; c'est la résine qui brûle plutôt que le chanvre, comme dans la lampe à huile, c'est l'huile et non la mèche. Ensuite est venue la lampe à huile, la chandelle de suif, la bougie, puis le gaz, et enfin la lumière électrique qui, depuis quelques années, semble vouloir se substituer au gaz, grâce aux perfectionnements qu'on y a apportés.

Lampe à huile. — Tous les corps gras, les huiles végétales, le suif, les graisses diverses, sont très combustibles, et en brûlant ils donnent une flamme assez éclairante, mais qui est parfois fumeuse : les huiles se brûlent dans des lampes, dont la plus simple est le lampion, qui est encore utilisé dans les campagnes; c'est un simple gobelet en métal ou en verre rempli d'huile, et dans lequel plonge une mèche de coton. Par imbibition, l'huile monte dans la mèche et vient brûler à son extrémité, en donnant une fumée qui répand une odeur désagréable.

Cette fumée provient de ce qu'une partie de l'huile brûle mal, incomplètement, parce que la flamme ne reçoit pas assez d'air. Vous savez bien que pour activer un foyer on y envoie de l'air avec un soufflet ; eh bien ! il a fallu aussi donner de l'air à la lampe à huile, non en soufflant dessus, on la refroidirait et on l'éteindrait. Voici ce qu'on a imaginé il y a seulement un siècle à peu près : on a d'abord remplacé la mèche pleine, en cordon, par une mèche tressée, comme celle que vous voyez là, mais en forme d'anneau, ce qui permet au courant d'air, produit par la chaleur, de circuler aussi bien à l'intérieur de la flamme qu'autour, puisque la flamme est annulaire comme la mèche : de plus, on a entouré la flamme d'un tube de verre qui forme comme une cheminée, dans laquelle elle est entourée d'un courant d'air chaud qui brûle, complètement, ce qui, dans les anciennes lampes, se dégageait à l'état de fumée. Je vais enlever le verre ; immédiatement la lampe fumera et la flamme sera bien moins éclairante, mais j'en profiterai pour vous faire voir sa forme annulaire.

Ce n'est pas encore tout. On fait arriver l'huile régulièrement, en haut de la mèche, au moyen d'un ressort placé dans le réservoir, et qu'on remonte chaque fois qu'il est détendu.

Chandelle. — Pour brûler le suif, on le met autour d'une mèche de coton ; on allume cette mèche à l'une de ses extrémités : la graisse, qui est immédiatement au-dessous de la flamme, se fond, et monte par imbibition dans la mèche, où elle entretient la flamme en brûlant. Dans une chandelle comme dans le lampion, la flamme est fumeuse et puante ; de plus, la chandelle coule, met de la graisse partout, surtout en été. Il faut en outre, à chaque instant, la moucher, c'est-à-dire enlever le haut de la mèche qui est carbonisé, car il ferait fumer et couler la chandelle. Cet éclairage disparaît de plus en plus depuis l'invention des bougies dites *stéariques*.

Bougie. — La bougie, qu'on rencontre aujourd'hui jusque dans les campagnes, a une flamme plus éclairante et plus courte que la chandelle; on n'a pas besoin de la moucher et elle ne graisse pas les mains, mais elle coule, même plus facilement que la chandelle.

Les bougies sont fabriquées avec une substance appelée *acide stéarique*, qu'on retire du suif en le débarrassant de sa partie la plus liquide appelée glycérine. Le suif, comme toutes les graisses, est formé d'un corps gras solide, intimement mélangé à ce corps gras liquide; vous connaissez la glycérine, vous vous en êtes servis pour vous guérir les gerçures de la peau. En chauffant le suif avec de la chaux on parvient, après diverses opérations, à séparer la glycérine de l'acide stéarique. Je vous ai montré de la chaux à · diverses reprises; vous vous rappelez qu'elle s'échauffe en s'unissant à l'eau. Voici de la glycérine; elle est impure, sans cela elle serait limpide comme de l'eau. Ici, c'est du savon calcaire qui s'est formé pendant qu'on chauffait le mélange de chaux et de suif fondu. C'est de ce savon qu'on retire ensuite l'acide stéarique ou stéarine pure, dont vous avez là un échantillon. Ell est dure, très blanche, et ne graisse pas les doigts. On forme la bougie en coulant la stéarine fondue dans des moules, au milieu desquels on a tendu une mèche tressée comme celle-ci. Cette mèche se consume complètement et n'a pas besoin d'être mouchée.

Pétrole. — Vous avez déjà entendu parler du *pétrole*, ne fût-ce que par les accidents graves qu'il a produits; de l'*essence minérale*, de l'*essence*, de la *luciline :* tout cela c'est le même liquide plus ou moins pur, et auquel on donne le nom commun de *pétrole*. Le pétrole, qui ne coûte pas cher, est largement employé aujourd'hui, surtout en Angleterre, en Belgique et en Hollande. Il a une odeur qui n'est désagréable que quand elle est forte et persistante. Les lampes à pétrole, du reste, ne donnent point d'odeur. Quand on sent le pétrole dans une pièce; c'est qu'on en a répandu; alors il ne faut pas y pénétrer avec une lumière sans l'avoir préalablement bien aérée. Le pétrole n'est dangereux que quand il est répandu par accident. Les lampes à pétrole sont bien simples; en voici une petite qui sert pour la cuisine. Elle ressemble en tout point aux anciennes lampes à huile; c'est un gobelet parfaitement fermé et dans lequel plonge une mèche. Bien mieux, souvent, dans ces petites lampes on met une petite éponge qui absorbe le pétrole, de sorte qu'il n'y a pour ainsi dire point de liquide dans la lampe; on peut la renverser impunément.

Les grosses lampes à pétrole et à mèche circulaire entourée d'un tube de verre donnent une flamme sans fumée qui répand une très belle lumière.

Origine du pétrole. — Le pétrole s'appelle encore *huile minérale*, parce qu'il se retire du sein de la terre comme les minerais; il y a, en Amérique surtout, des mines de pétrole comme il y a des mines de houille. La plupart du temps il n'arrive pas à la surface de la terre, on va le chercher au fond de puits plus ou moins profonds; mais il est si abondant, en certaines contrées de l'Amérique, qu'il ne coûte pour ainsi dire rien.

Tel qu'il sort de la mine, il est épais, brun et répand en brûlant une fumée épaisse et une mauvaise odeur. En voici un échantillon, il est presque noir *(planche 11)*.

Avant de le livrer au commerce, on le *rectifie*, c'est-à-dire qu'on le distille pour en extraire l'essence, qui est liquide et limpide comme l'eau. Après l'essence on obtient comme deuxième produit du pétrole distillé de l'*huile de pétrole*, très employée pour l'éclairage : elle ne diffère pas beaucoup de l'essence. Vient ensuite l'huile *lourde* de pétrole utilisée pour le nettoyage des machines. Le résidu solide est une espèce de charbon poreux qu'on appelle *coke de pétrole*. Vous voyez là tous ces produits dont le pétrole brut et le coke de pétrole sont les deux extrêmes.

Dangers du pétrole.—Le pétrole n'a qu'un défaut, c'est qu'il peut donner lieu aux plus épouvantables accidents ; non seulement il peut causer de graves brûlures, mais en se répandant en vapeur dans l'air il produit un mélange qui détonne violemment au contact de la moindre étincelle. Il ne faut jamais le transvaser en présence du feu, ni le transporter dans des vases en verre qui peuvent se briser dans une chute accidentelle. Ceci dit, il ne faut pas s'en exagérer le danger. Le nombre des accidents est restreint, relativement à la prodigieuse consommation qu'on en fait. C'est la gravité des accidents, qui a surtout contribué à lui créer une mauvaise réputation. En Amérique on a vu des villages entiers détruits, des centaines de personnes brûlées par des incendies qui ont éclaté dans des mines de pétrole.

———

RÉSUMÉ DE LA TREIZIÈME LEÇON

L'ÉCLAIRAGE

COURS MOYEN

Tous les modes d'éclairage, à l'exception de la lumière électrique, reviennent comme tous les modes de chauffage, à brûler quelque chose. Dans les anciennes torches on brûlait de la résine ; dans les chandelles, du suif ; dans les bougies, de la stéarine ; dans l'éclairage au gaz, on brûle un gaz extrait de la houille.

Pour faire une chandelle, on coule tout simplement du suif autour d'une mèche en coton tendue dans un moule. Dans la lampe on brûle des huiles. La mèche des lampes est annulaire afin que l'air puisse circuler à l'intérieur pour que la combustion se fasse mieux et que la lampe ne fume pas. C'est aussi pour cela qu'on enveloppe la flamme d'un tuyau de verre qui forme cheminée et enveloppe la flamme d'un courant d'air chaud ; l'huile arrive en haut de la mèche par l'action d'un piston à ressort situé dans le réservoir.

La bougie est formée d'une substance solide, dure, qu'on retire des corps gras par le moyen de la chaux ; les corps gras abandonnent alors une substance liquide appelée glycérine. Les bougies ne graissent point les doigts, et éclairent mieux que les chandelles, elles coulent aussi, mais on n'a pas besoin de les moucher. Le pétrole est un liquide transparent, passant facilement en vapeur, très combustible ; ses vapeurs mélangées à l'air peuvent faire explosion. On l'obtient en distillant des pétroles impurs extraits du sein de la terre, à l'état liquide ou solide. Il se rencontre surtout en Amérique.

Questionnaire. — Quels sont les inconvénients de l'éclairage par les chandelles ?

Qu'est-ce que le suif ?

Quels sont les avantages des bougies sur les chandelles ? Avec quoi sont faites les bougies ? D'où provient la stéarine ? Comment l'extrait-on des corps gras ? Inconvénients des bougies ?

Expliquez-nous à quoi sert le tube de verre d'une lampe ? Comment feriez-vous pour mettre son utilité en évidence ? Qu'est-ce que le pétrole ? A quoi le reconnaît-on ? Dans quelles circonstances peut il donner lieu à des explosions ? Dans quels pays en fait-on surtout un grand usage ?

BESOINS INTELLECTUELS : LE PAPIER

COURS MOYEN.

Il ne suffit pas à l'homme, mes enfants, d'être bien nourri, bien logé, d'avoir bien chaud l'hiver, d'être commodément et agréablement vêtu, il lui faut encore autre chose pour que sa vie soit heureuse. Vous-même, n'aimez-vous pas à jouer, à rire, à chanter. N'êtes-vous pas heureux de venir à l'école pour apprendre à lire, à écrire, d'écouter les récits amusants, les histoires intéressantes de votre maître. Est-ce que vous n'avez pas été quelquefois attendris, en écoutant ou en lisant l'histoire de France. Vous vous rappelez, bien certainement, Jeanne d'Arc, cette pauvre et glorieuse jeune fille qui, après avoir délivré des Anglais son pays envahi, notre France qui avait été vaincue, a été trahie, livrée à ses ennemis, puis brûlée ! Vous en avez été émus jusqu'aux larmes, j'en suis sûr, et si l'heure d'aller déjeuner était arrivée, avant que cette histoire ne fût terminée, vous auriez demandé à votre maître de retarder de quelques minutes la sortie de la classe.

Dans l'histoire de notre pays, et aussi dans celle des autres, on trouve souvent des récits fort attachants sur la vie des hommes généreux qui ont sacrifié leur bonheur, leur liberté et même leur vie, pour la liberté, le bonheur de leurs semblables ou de leur pays.

C'est quand on connaît l'histoire de son pays, qu'on éprouve un véritable besoin de la relire, et on goûte à cette lecture, un plaisir qui ne s'affaiblit pas.

N'en est-il pas un peu de même de toutes les bonnes lectures? Est-ce que la géographie ne vous intéresse pas beaucoup ? N'êtes-vous pas heureux d'entendre parler des mœurs et des coutumes des pays lointains ; de savoir qu'il y a quelque part des montagnes élevées qui sont toute l'année couvertes de neige, des grands fleuves sur lesquels circulent des bateaux qui transportent des voyageurs et des marchandises d'une ville à une autre; des forêts immenses où vivent, s'agitent, s'amusent parfois, et se battent souvent, des animaux de toutes sortes, depuis le tigre féroce et puissant, jusqu'à l'oiseau mouche qui est gros comme une abeille et l'insecte innombrable et invisible. N'est-il pas vrai que toutes ces choses sont intéressantes, que vous désirez qu'on vous en parle souvent, et que vous aimez les livres qui vous procurent ce genre de plaisirs?

Vous voyez bien que j'avais raison de dire que l'homme civilisé a d'autres besoins que ceux de manger, boire et dormir. Il a aussi des besoins intellectuels, c'est-à-dire que son intelligence demande à être satisfaite. Il a besoin de penser, d'étudier, de comprendre et de communiquer sa pensée aux autres. Pour donner satisfaction à ces besoins d'un ordre plus élevé, mais aussi impérieux pour certains hommes, le génie humain a imaginé toutes sortes de moyens, depuis l'imprimerie jusqu'à la photographie.

Vous apprendrez à les connaître successivement. Vous saurez comment se fabrique une plume d'acier, un crayon, une lettre ou caractère d'imprimerie. Vous aurez une idée de la photographie, vous apprécierez les merveilleuses inventions de notre siècle.

Le papier. — Aujourd'hui, je veux vous dire rapidement avec quoi et comment se fait le papier, parce que le papier est au premier rang des choses qui sont au service de l'intelligence.

Les anciens qui ne connaissaient pas l'imprimerie, écrivaient sur l'écorce préparée d'une espèce de roseau appelé *papyrus* (papier), et qu'on rencontre en Egypte. On a ensuite écrit sur du *parchemin*, fait de peaux de chèvres ou de moutons. Quoique le papier ait été inventé il y a au moins mille ans, on écrivait encore sur du parchemin en France, il y a un siècle.

Voici, sur ce carton, ce qui sert à la fabrication du papier *(planche 12)* : des chiffons, c'est-à-dire des débris de tissus de lin ou de coton et de chanvre, de la paille, etc.

Fabrication de la pâte. — Les vieux chiffons parfaitement triés et débarrassés des corps étrangers, sont lessivés dans de l'eau de chaux bouillante, puis ensuite déchirés par un cylindre armé de couteaux et qui tourne dans une grande cuve remplie d'eau. Ils sont ainsi réduits en une pâte dans laquelle on peut reconnaître les fibres textiles. Voici cette pâte, elle n'est pas blanche, mais on va la blanchir au moyen du chlorure de chaux, c'est-à-dire, de cette substance que'vous voyez dans ce tube, et qui est formée de chaux et de chlore ; le chlore a la propriété de blanchir en détruisant les couleurs végétales. Si nous versons quelques gouttes de vin sur du chlorure de chaux, il perd rapidement sa couleur rouge. Ce chlorure de chaux sert aussi à combattre les mauvaises odeurs en détruisant les miasmes auxquels elles sont dues.

La pâte à papier est donc lavée dans de l'eau contenant du chlorure de chaux, et alors elle est parfaitement blanche.

Fabrication du papier.— Pour fabriquer le papier avec cette pâte, on la fait couler sur une large toile métallique en fils de cuivre, continuellement agitée d'une façon mécanique ; l'eau s'écoule successivement à travers les mailles de la toile. La pâte ayant déjà plus de consistance est amenée, par le mouvement même de la toile, à passer entre des cylindres en rotation et recouverts de feutre ; elle s'y comprime, les fibres textiles entrecroisées en tous sens, s'enchevêtrent pour donner de la consistance au papier qui se forme là réellement et s'y dessèche, par suite de la température des cylindres compresseurs ; il ne reste plus ensuite qu'à le mettre en rouleaux pour l'expédier dans les imprimeries.

La consommation prodigieuse que l'on fait du papier a considérablement élevé le prix des chiffons, ainsi a-t-on cherché, sinon à les remplacer complètement, au moins à leur adjoindre dans la pâte du papier diverses substances plus ou moins propres à cet usage.

Dans le gros papier, on met de la paille, après qu'elle a été *macérée*, pilée et moulue, puis délayée dans l'eau. On fait même du papier avec de la paille de riz, c'est un papier très blanc ; certains papiers à cigarettes, son des papiers de paille de riz. On fait même entrer du bois, du plâtre, de l'argile dans la pâte à papier. Aujourd'hui, en Algérie, on cultive en grand une plante textile, l'*alfa*, qui va rendre de grands services à l'industrie de la papeterie.

Le carton n'est autre chose que du grossier papier chargé de paille et fortement comprimé.

Le papier à écrire est collé, c'est-à-dire que pendant la fabrication on ajoute à la pâte de la colle délayée dans l'eau, pour lui donner de la consistance, du luisant et pour empêcher l'encre de s'étendre comme dans le papier buvard qui est du papier non collé, et dont vous pouvez vérifier vous-même la propriété qu'il a d'enlever les tâches, et par contre les inconvénients qu'il y aurait à s'en servir pour écrire.

Consommation prodigieuse du papier. — Il ne vous est pas possible de vous faire une idée de ce que l'on consomme de papier, par jour, en France seulement ; je ne parle que du papier à écrire et à imprimer.

Vous connaissez le *Petit Journal* ; il s'en imprime chaque jour 600,000 exemplaires qui, mis au bout l'un de l'autre sur

une route, couvriraient une longueur de plus de 200 kilo-
lomètres ou 50 lieues, et pourraient recouvrir une surface de
plus de 20 hectares.

Certains journaux anglais en emploient chaque jour bien
plus que cela, et songez au nombre incroyable de journaux
qui se publient en France seulement, sans parler des livres,
ni du papier employé pour l'écriture.

Vous voyez que notre intelligence, qui en présidant à tous
nos travaux, pourvoit à tous nos besoins, a, pour elle-
même, pour sa propre satisfaction, imaginé des industries
qui contribuent à la richesse matérielle autant que n'importe
quel autre de nos besoins.

RÉSUMÉ DE LA QUATORZIÈME LEÇON

BESOINS INTELLECTUELS : LE PAPIER

COURS MOYEN

L'homme a des besoins intellectuels, il pense, il aime à
communiquer sa pensée, à l'écrire par conséquent.

C'est pour notre agrément, en même temps que pour notre
instruction, que nous recherchons les bons livres ; l'homme
désire connaître ce qui s'est passé autrefois dans le pays qu'il
habite, il s'intéresse aux souffrances et aux belles actions de
ses ancêtres, en un mot il aime l'histoire de son pays. Nous
aimons aussi à connaître ce qui a rapport aux autres pays
c'est pour cela que nous étudions la géographie.

Pour satisfaire ses besoins intellectuels, l'homme a success-
sivement imaginé différentes choses, parmi lesquelles le papier
est au premier rang par son importance.

Pour fabriquer le papier, on déchire de vieux chiffons, on les
lessive dans l'eau de chaux, on en fait une bouillie qu'on
blanchit au moyen du *chlorure de chaux*, substance blanche,
demi-solide formée de chaux et de chlore ; le chlore qui a la

propriété de détruire les couleurs végétales, blanchit la pâte ; celle-ci est ensuite étendue sur des toiles métalliques, en mouvement ; elle y prend de la consistance en abandonnant une partie de son eau, elle passe ensuite entre des cylindres en feutre, légèrement chauffés, où elle se dessèche complètement et constitue alors le papier.

Questionnaire.— Quels sont les besoins intellectuels de l'homme ? Citez-en plusieurs. Quel plaisir trouvons-nous dans l'histoire ? Dans la géographie ? Avec quoi est fait le papier ? Par quel état passent d'abord les chiffons ? Qu'est-ce que le chlorure de chaux ? A quoi sert-il ? A quelle substance doit-il cette propriété de décolorer ? Que pourrions-nous décolorer avec le chlorure de chaux ? Qu'est-ce que le carton ?

BESOINS INTELLECTUELS

(Planche 12.)

COURS ÉLÉMENTAIRE

Crayons et plumes. — Mes enfants, prenez tous un crayon et une feuille de papier; de quoi est-il fait votre crayon? Est-ce avec le bois que vous écrivez? Non, n'est-ce pas? C'est avec la substance grise qui est dedans, et qu'on appelle *plombagine* ou *mine de plomb*, ou encore *graphite*, parce qu'elle sert à écrire, mais elle ne contient pas du tout de plomb, seulement elle en a l'aspect, la couleur; d'un autre côté, elle en diffère profondément, elle est cassante, tandis que le plomb est malléable, il s'aplatit et se réduit en feuilles sous le marteau. La plombagine se rapproche beaucoup du coke par sa nature, et je pourrais presque dire du diamant. Ces trois substances sont formées de charbon presque pur, elles donnent le même produit, l'acide carbonique, quand on les brûle, car la plombagine et le diamant brûlent comme le coke quoique plus difficilement. La plombagine de vos crayons de bois n'est pas absolument pure comme celle qu'on retire de la mine, c'est une pâte durcie, composée de noir de fumée, de mine de plomb, d'un peu d'argile et de colle. Quelquefois, vous remarquerez que cette composition se casse quand on la taille, qu'elle raie le papier parce qu'elle est trop dure, c'est en un mot de la mauvaise plombagine.

On a d'autres crayons, formés de petits cylindres de plombagine pure, qui sont plus doux, d'un grain plus fin et d'un brillant plus prononcé. Cette précieuse substance se trouve, comme la plupart des minerais, dans le sein de la terre; on en rencontre surtout dans la Sibérie Asiatique, dans les environs de Tobolsk : c'est là que sont les gisements les plus riches actuellement connus; en voici un échantillon; vous pourrez constater qu'il n'a pas d'odeur, qu'il est doux comme du savon. Il laisse une trace sur le papier et sur les doigts; son aspect et son éclat sont à peu près celui du plomb; on peut le travailler avec un couteau. J'ai vu au Muséum du Jardin des Plantes, à Paris, des objets d'art en graphite, qui sont d'une grande finesse, des coupes, des colonnettes, et même un buste, celui d'un de nos concitoyens qui exploite l'une des mines les plus riches des environs de Tobolsk.

On y voit des crayons d'un mètre de longueur et gros comme le doigt. Le graphite sert aussi à autre chose qu'à faire des crayons: on en fait des *creusets*, petits vases dans lesquels les chimistes chauffent toutes sortes de choses, car rien n'altère le graphite. C'est avec cette substance en poudre qu'on frotte les tuyaux de poêles et les fourneaux en fonte, pour leur donner cette teinte grise et brillante qui les fait paraître neufs.

Plumes d'acier. — Je veux aussi vous montrer comment on fabrique les plumes d'acier qui servent à écrire avec de l'encre. Vous allez voir là *(planche 12)* les différentes formes par lesquelles elles passent; voici une espèce de petite grille, c'est une mince feuille d'acier dans laquelle on a découpé, d'un seul coup, un grand nombre de plumes. Vous savez que l'acier est du fer presque pur.

Cette plume que vous voyez est plate, elle n'est pas encore fendue; elle vient seulement d'être enlevée de la feuille d'acier. Celle qui est au-dessous est percée, puis marquée; enfin, en voici une autre qui est complètement terminée : elle a été fendue pour que les deux becs, mouillés d'encre, puissent en s'écartant donner plus ou moins de grosseur à la lettre; mais il a fallu d'abord la tremper, c'est-à-dire lui donner de l'élasticité. Pour cela, on la plonge dans l'eau, quand elle est chaude; c'est aussi par cette opération, qu'on appelle la trempe, qu'on donne aux plumes d'acier la teinte bleuâtre que vous connaissez. Vous vous figurez facilement la prodigieuse quantité de plumes qu'on use chaque année. C'est en Angleterre que se fait la principale fabrication, notamment à Birmingham.

RÉSUMÉ DE LA QUINZIÈME LEÇON

CRAYONS ET PLUMES

COURS ÉLÉMENTAIRE

Les crayons sont ordinairement faits avec une substance grise, douce, onctueuse, laissant une tache sur les doigts et sur le papier, et qu'on appelle *graphite*, *mine de plomb*, ou encore *plombagine*; elle n'a que l'aspect du plomb. C'est du charbon presque pur comme le diamant. La plombagine peut être brûlée, elle donne alors de l'acide carbonique, comme tous les charbons.

On la trouve à de grandes profondeurs sous la terre.

La pius riche mine exploitée actuellement se trouve près de Tobolsk, dans la Sibérie Asiatique.

Les crayons ordinaires sont faits avec une pâte durcie, composée de plombagine, de noir de fumée, de colle et d'argile. Cette substance sert aussi à faire des creusets pour les chimistes; aucune substance ne l'altère. On s'en sert encore pour frotter les fourneaux et les tuyaux de poêle.

Pour faire une plume d'acier, on en découpe d'abord la forme dans une lame mince d'acier, qui a la qualité et l'épaisseur voulues, puis on la frappe et on lui donne la forme qu'elle doit avoir, ensuite on la fend; tout cela se fait successivement avec des empreintes et des emporte-pièces. Quand la plume est terminée, on la *trempe*, en la plongeant dans l'eau, lorsqu'elle est chaude. La trempe lui donne l'élasticité nécessaire.

Questionnaire. — Qu'est-ce que la plombagine? De quoi se rapproche-t-elle par sa nature? Pourquoi? Quelles sont ses propriétés? De quoi sont faits les crayons ordinaires? Quels sont les autres usages de la plombagine? Pourquoi en fait-on des creusets? Qu'est-ce que l'acier? En quoi consiste la trempe? Quelles sont les propriétés de l'acier trempé? Comment fait-on une plume d'acier?

GÉNÉRALITÉS : LES PROGRÈS DE L'INDUSTRIE, LA LUMIÈRE ÉLECTRIQUE

COURS SUPÉRIEUR

Avant de terminer ces leçons, par l'une des plus magnifiques inventions modernes, la lumière électrique, jetons un coup d'œil rapide, un coup d'œil d'ensemble, sur ce que nous avons vu, afin de bien nous pénétrer de l'importance de ces leçons de choses, de l'intérêt qu'on peut y trouver, de la nécessité qu'il y a pour notre instruction d'y revenir, de les renouveler, et de les compléter plus tard.

Avec notre petit musée, et en y joignant une foule d'objets usuels, une lampe, un morceau de marbre, du plâtre, du vin, une bougie, etc., nous avons parcouru une partie du vaste champ de l'industrie humaine ; depuis la culture et les industries qui se rapportent au plus pressant et au plus général de nos besoins, l'alimentation ; depuis la construction de nos habitations, la fabrication des tissus avec lesquels sont confectionnés nos vêtements, la production des couleurs qui les teignent, jusqu'à la lumière électrique, nous avons pu entrevoir tout ce qui provoque l'activité, alimente le commerce et produit la richesse.

Nous avons vu les matières premières, brutes, telles que nous les donne la nature, les pierres dans les carrières, le bois dans les forêts, les minerais dans les mines, successivement transformées par l'industrie et par l'art, pour former toutes ces mille choses qui servent journellement à nos besoins les plus pressants, comme à nos plaisirs. Vous

vous rappelez, au moins en partie, quelles transformations il faut faire subir à ces espèces de pierres qu'on appelle des minerais, pour en faire des fils télégraphiques, des fourchettes ou des pendules, etc. Je me plais à remettre sous vos yeux les formes diverses du cuivre, depuis le minerai naturel jusqu'au bronze qui sert à faire des objets d'art, des canons et des cloches *(planche 10)*. Et ces couleurs, qui sont aussi belles que celles de l'arc-en-ciel, et que la chimie a pu tirer de ce goudron noir de la distillation de la houille, et dont on ne savait que faire il y a quarante ans. (Goudron, *planche 2*; couleur, *planche 8*.) Toutes les industries sont solidaires ; chacune d'elles ne peut vivre que par ce qu'elle fournit aux autres, ou par ce qu'elle en reçoit. La création des chemins de fer n'a-t-elle pas été une source de richesses pour l'industrie du fer, et aujourd'hui ce sont les chemins de fer qui transportent cette lourde marchandise, des centres de production, partout où l'on construit, partout où l'on travaille.

Combien d'industries se rattachent à l'imprimerie, qui a pour but surtout la satisfaction des besoins intellectuels, l'instruction des uns, l'agrément des autres?

Est-ce que cette prodigieuse fabrication de papier, dont je vous ai déjà parlé, n'est pas nécessaire pour alimenter ces innombrables machines à imprimer qui couvrent de lettres, chaque jour, des milliers de mètres carrés de papier! Et ces machines elles-mêmes, il a fallu les fabriquer, et ces lettres en métal, il a fallu les fondre, et les livres, il faut les brocher, les cartonner, puis les vendre. C'est donc avec raison, et pour vous faire retenir les relations intimes de toutes ces industries, qu'on a mis, là, sur le même carton *(planche 12)* du chiffon, de la pâte à papier, du carton, de l'encre, du métal à faire des caractères d'imprimerie, puis un échantillon de pierre lithographique avec laquelle on fait la gravure sur pierre.

Un écrivain, aussi spirituel que sérieux, M. Aurélien Scholl, écrivait récemment, et avec raison, que notre grand poète national, Victor Hugo, avait rendu, non seulement des services moraux à la France et à l'humanité entière, en faisant lire à tous les belles pages dans lesquelles il fait aimer le bien et admirer le grand et le beau, mais encore qu'il avait contribué, pour une large part, à la richesse du pays, par le travail qu'il avait procuré aux diverses industries, en publiant ses livres, et en faisant représenter ses drames sur le théâtre. Ses livres ne sont-ils pas dans toutes les bibliothèques ! Quelle quantité de papier a-t-il fallu, et ne faudra-t-il pas dans l'avenir, pour les œuvres de Victor Hugo ! Que d'ouvriers ont été employés à la composition, au brochage, au cartonnage, etc. ! Que d'acteurs ont gagné leur vie, ajoutait M. Scholl, en représentant ses drames ! Que d'artistes se sont inspirés de ses œuvres ! Ainsi, tout ce que l'homme a imaginé, même pour ses besoins intellectuels, contribue au développement de la richesse matérielle et de la prospérité générale ; c'est donc doublement un grand malheur pour un pays, quand les choses de l'intelligence cessent d'y tenir le rang qu'elles méritent.

· **Le progrès.** — Figurez-vous maintenant que de temps, que d'efforts persistants, que d'intelligence, il a fallu au génie de l'homme, pour arriver à toutes ces choses merveilleuses qui sont l'honneur de la civilisation moderne. Vous rappelez-vous ces substances combustibles groupées sur le carton 11 ; je vais vous les remontrer. Voici la torche de résine fumeuse, la chandelle grasse et sale, puis le lampion, et enfin la lampe perfectionnée et la bougie moderne, puis e gaz et la lumière électrique dont nous allons nous entretenir. Quelle distance à franchir, pour arriver de la torche de résine, en passant par la chandelle, au gaz d'éclairage et ensuite à la lumière électrique.

Que tout cela excite votre admiration, provoque votre curiosité, vous fasse aimer l'étude et le travail ; trouvez-y du plaisir, et vous serez plus tard des ouvriers habiles et ingénieux, des industriels intelligents et instruits, peut-être même des savants; en tous cas, vous serez des citoyens utiles et vous rendrez à votre patrie les trésors qu'elle vous a procurés en vous donnant l'éducation et l'instruction.

Lumière électrique. — Pour terminer, revenons à la lumière électrique. Il a plus de soixante ans qu'on a pu la produire pour la première fois avec le courant électrique; mais jusque dans ces dernières années, on avait guère pu l'appliquer. Elle était irrégulière, et ses subites variations faisaient mal aux yeux; de plus comme, elle était éblouissante, on ne pouvait pas s'en servir dans les appartements. On l'a d'abord utilisée dans les phares qui ont pour but de lancer un jet de lumière au loin sur la mer pour indiquer aux navires la présence et la conformation des côtes.

Depuis quelques années, la lumière électrique perfectionnée est tout à fait à l'ordre du jour; elle éclaire les grandes villes, les gares, les ateliers, et même, une lumière électrique d'une intensité plus douce, et sous une forme plus commode, a pénétré dans les salons et dans les appartements. Toutes les salles de l'Hôtel de Ville de Paris sont éclairées d'une lumière électrique parfaite.

Courant électrique. — La chose la plus indispensable pour produire cette lumière, c'est d'avoir un courant électrique, c'est-à-dire un fil de cuivre parcouru par de l'électricité, quelle que soit d'ailleurs la manière dont on produise cette électricité.

On peut en produire avec des piles auxquelles on fixe les fils de cuivre. Il y a bien des variétés de piles, mais les plus en usage se composent toujours, essentiellement, d'un bocal en verre ou en terre, dans lequel il y a de l'acide sulfurique, appelé communément huile de vitriol, quoique ce ne soit pas du tout de l'huile tant s'en faut, et une lame de

zinc, puis un morceau de charbon, qui a été taillé dans la
croûte de coke très dur, qui s'incruste sur les parois inté-
rieures des cornues où l'on calcine la houille pour faire le
gaz d'éclairage ; en voici un échantillon *(planche 11)*. Un
fil de cuivre est fixé par l'une de ses extrémités, au morceau
de charbon, un autre à la plaque de zinc. Quand on mettra
en contact les deux autres extrémités de ces deux fils, il s'y produira un courant électrique ; si on les approche d'une boussole,
elle s'agitera ; si on frotte les deux extrémités des fils l'une
contre l'autre, on verra jaillir de petites étincelles : c'est
l'électricité qui se montre sous forme de lumière, c'est de
cette expérience, sans doute, qu'est sortie la lumière électrique.

Production de la lumière électrique. — Pour produire une belle lumière, on fixe les extrémités libres des fils
de cuivre, à des crayons de charbon fabriqués avec celui
qu'on extrait des cornues à gaz, et que je vous ai montré tout
à l'heure, puis on place ces crayons bout à bout, l'un au
dessus de l'autre, comme ils sont représentés ici *(pl. 11)*,
immédiatement l'électricité fournit une lumière éblouissante
comme celle du soleil. Les deux fils peuvent être beaucoup
plus longs que ceux que représente la gravure ; les piles
peuvent être plus ou moins éloignées des crayons de charbon ; mais il faut se rappeler que leur nombre doit être d'autant plus grand que cette distance est elle-même plus
grande.

Lampe électrique Edison. — Un physicien américain,
M. Edison, a inventé le moyen de rendre la lumière moins
vive, en la dispersant dans un plus ou moins grand nombre
de lampes, appelées *lampes Edison*, ce qui permet de l'utiliser dans les appartements sans rien redouter pour les yeux.

Voici en quoi consiste son invention. Sa lampe se compose d'une boule creuse en verre, parfaitement fermée, dans

laquelle se trouve tendu un fin fil de charbon, obtenu en calcinant un fil de coton ; on a enlevé complètement l'air qui se trouvait dans la boule de verre. Si on réunit les extrémités des fils de cuivre qui communiquent avec la pile électrique à celle du fil de charbon, celui-ci devient incandescent par suite du passage de l'électricité, mais il ne brûle point comme le fait une mèche dans l'air, et ce fil peut servir pendant plusieurs mois. L'invention d'Edison consiste surtout dans la préparation de ce fil de charbon, sur laquelle je ne puis vous donner d'autres détails.

Avec une lampe Edison un homme peut travailler le soir, dans son cabinet, comme avec une bougie ordinaire.

Je terminerai en vous disant que l'électricité qui est employée en grand pour la lumière électrique, ne provient pas de piles plus ou moins semblables à celles dont je vous ai parlé, mais qu'elle est produite par des machines qui se composent essentiellement d'aimants mis en mouvement de rotation par des machines à vapeur, et dans lesquelles on ne fait usage d'aucun acide, de sorte que l'électricité, dans ces machines, a pour cause la force de la vapeur, par conséquent la chaleur qui la produit, autrement dit la combustion de la houille. Ce précieux combustible nous donne donc la lumière électrique en même temps que celle du gaz.

RÉSUMÉ DE LA SEIZIÈME LEÇON

LES PROGRÈS DE L'INDUSTRIE : LA LUMIÈRE ÉLECTRIQUE

COURS SUPÉRIEUR

Un musée scolaire comme le musée Dorangeon, auquel on ajoute quelques objets, ou quelques substances communes, permet de montrer aux enfants les produits d'un grand nombre d'industries des plus importantes, ainsi que les matières premières, *pierres, bois, minerais*, etc., qui ont servi à les fabriquer. Avec lui, nous voyons aussi combien ces industries ont de relations entre elles, l'une travaillant pour l'autre, et réciproquement. L'imprimerie a besoin de la papeterie, de la métallurgie, etc. Rien ne montre mieux les progrès accomplis par l'activité humaine, pour satisfaire nos besoins, que l'histoire de l'éclairage, depuis la torche de résine, jusqu'à la lumière électrique, en passant par la chandelle, la bougie, le gaz.

La lumière électrique est produite par un courant électrique qui passe entre deux pointes de charbon placées bout-à-bout. Dans les lampes Edison, il passe dans un fil de charbon provenant d'un fil de coton calciné, et qui est tendu dans une boule de verre où on a fait le vide. Cette lumière est douce et peut être dispersée dans plusieurs lampes.

Questionnaire. — Citez quelques industries qui ont des rapports avec l'éclairage électrique. En quoi consistent les parties essentielles d'une pile électrique. La lumière électrique n'est-elle connue que depuis quelques années? Pourquoi a-t-on été longtemps sans l'appliquer? Quels sont les avantages de la lampe Edison? Comment produit-on la lumière électrique? En quoi consiste la lampe Edison?

Poitiers. — Impr. Tolmer et Cie — Poitiers.

MODÈLES-TABLEAUX

POUR L'ENSEIGNEMENT PAR LES YEUX

Par M. ARMENGAUD

Ingénieur, ancien Élève de l'École centrale des Arts et Manufactures

———

Les **Modèles-Tableaux** sont exécutés par les procédés *Papier peint*, c'est-à-dire à l'aide de couleurs vives d'une grande fixité de ton ; les couleurs sont, en outre, rehaussées par l'emploi d'un fond noir qui leur laisse toute leur vigueur. Ainsi obtenus, ces tableaux sont perceptibles dans toute l'étendue d'une salle de grandes dimensions ou dans un vaste amphithéâtre.

LA SÉRIE DES MODÈLES-TABLEAUX COMPRENDRA :

L'agriculture et les industries qui en découlent. — Les industries du bâtiment. — L fonte et le fer. — Les monnaies. — Les industries diverses. — Les outils divers. — La physique appliquée. — La cosmographie. — L'histoire naturelle. — L'anthropologie. — L'architecture et les beaux-arts.

SONT EN VENTE

GRANDS TABLEAUX :

Vendange. — Vinification. — Squelette humain. — Construction de la maison. — Outils du menuisier. — Outils du maçon. — Outils du charpentier. — Outils du serrurier. — Débitage des bois. — Matériaux de construction.

TABLEAUX SIMPLES :

Les hauts fourneaux (vue d'ensemble). — La fonte (coupe du haut fourneau). — Soufflage d'un haut fourneau par l'air chaud. — Puddlage. — Marteau pilon. — Cinglage. — Laminage. — Outils à percer. — Profils de fers marchands. — Fabrication de l'acier Bessemer (usine). — Fabrication de l'acier Bessemer (vue d'ensemble des appareils).

Chaque grand tableau. . . . . **4** »
Chaque tableau simple. . . . . **2** »

ENSEIGNEMENT PRIMAIRE DU DESSIN

PAR
L. CHARVET et J. PILLET
Inspecteurs de l'Enseignement du Dessin

GRANDS MODÈLES MURAUX

(64 tableaux de 1m20 sur 0m80. — 48 en noir et 16 en couleur).
Chaque modèle en noir. **1** fr. — En couleur. **1** fr. **50**

LIVRE DU MAITRE

1 vol. in-12 de 247 pages et renfermant 170 figures, cart. . . . **3** »

Cet ouvrage s'applique au cours élémentaire et à une partie du cours moyen des écoles primaires.

Afin de permettre l'organisation complète de l'enseignement du dessin dans une école primaire quelconque, les auteurs ont composé :

1° **Le livre du maître**, donnant semaine par semaine et séance par séance, la matière de ce que doit enseigner l'instituteur. Ce livre comprend 38 leçons représentant 38 semaines, c'est-à-dire l'année scolaire tout entière, en tenant compte des congés et des semaines consacrées aux revisions et aux compositions. 64 modèles sont imprimés dans le texte. En regard, l'instituteur trouvera indiquée par demandes et par réponses la partie pédagogique de chacun d'eux.

2° **Les grands modèles ruraux** (1m20×0m80). Ils sont au nombre de 64, dont 48 en noir et 16 en couleur à 4, 5 et 6 tons différents. Ces modèles sont indispensables pour l'enseignement collectif. Ils sont la reproduction, en dix fois plus grands, des modèles qui sont dans le livre du maître.

3° **Le matériel de démonstration** comprenant :

(a) *La règle à curseur mobile* pour servir à l'évaluation des rapports suivant lesquels une ligne droite peut être divisée. Prix... 3 fr. »

(b) *Le rectangle à coulisse* servant à l'évaluation des proportions des rectangles et aux exercices sur l'inclinaison des lignes droites. Prix.. 5 fr. »

(c) *Le matériel pour les fournitures*, composé d'une **boîte à compartiments mobiles**. Chaque compartiment renferme **5 crayons** munis d'un protège-pointes avec gomme à effacer ; **deux boîtes de couleurs** (la boîte est en tôle vernie avec un double fond mobile servant de godets); elle renferme les sept couleurs fondamentales, un pain de noir et un pinceau muni de sa hampe ; **un canif.**

Prix de la boîte avec les 4 compartiments garnis.	20 »	Les couleurs, la douzaine. . . . 1 20
La boîte seule avec les compartiments non garnis.	6 50	Les pinceaux, avec la hampe, la douzaine. . . . . » 60
Les crayons, la douzaine. . . .	» 40	**Organisation complète,** comprenant : le livre du maître
Les protège-pointe, la douzaine.	» 75	les 64 modèles, en quatre séries,
Le canif, la douzaine	12 »	toutes montées, la boîte à quatre
La gomme à effacer, la douzaine.	» 40	compartiments garnis, une règle
La boîte à couleurs, garnie de couleurs et de pinceaux, la pièce.	1 25	à curseur mobile, un rectangle à coulisse. . . . . 100 »

L'usage de tout ce matériel est expliqué dans le livre du maître

HOCHE

Dans sa courte existence (de 1768 à 1797, 29 ans), Hoche fut le modèle de toutes les vertus. Il naquit à Versailles et à dix-sept ans s'engagea comme simple soldat. La révolution de 1789 lui permit de monter en grade et de devenir général. En 1793, il bat les Autrichiens et les rejette en Allemagne. Jeté en prison pendant la Terreur, il ne doit la vie qu'à la chute de Robespierre. Envoyé en Vendée, il se fait remarquer autant par ses talents que par son humanité. Ensuite il tente de soulever l'Irlande contre l'Angleterre. Une tempête l'empêche d'exécuter son projet. Il prend alors le commandement de l'armée de Sambre-et-Meuse; en quatre jours, il repousse l'armée autrichienne.

Il meurt le 15 septembre 1797.

Prix de la feuille de 36 bons points. . . . . » **25**
   — de 100 feuilles assorties de couleurs différentes. **22 50**

TABLEAUX DE PHYSIQUE

Se composant de dix-huit belles chromo-lithographies de 0ᵐ80 de largeur
sur 0ᵐ60 de hauteur.

DÉTAIL DES TABLEAUX

TABLEAUX : 1. Machines simples et machines composées, 1ᵉʳ groupe.
— 2. Machines simples et machines composées, 2ᵉ groupe. —
3. Balance-bascule. — 4. Presse hydraulique. — 5. Equilibre des
corps flottants. Vases communiquants. — 6. Application de la force
motrice de l'eau. — 7. Corps gazeux : leurs phénomènes. — 8. Pompes
à incendie. — 9. Pompe aspirante à levier, Machine pneumatique.
— 10. Etude de la chaleur. — 11. La vapeur. — 12. Locomotive. —
13. Etude du son. — 14. Réfraction de la lumière dans les lentilles.
— 15. Etude de la lumière. — 16. Magnétisme et électricité. — 17 et
18. Télégraphe enregistreur Morse.

        Prix de la série de 18 tableaux. . . . . **30** »
        Montés sur toile. . . . . • . . . . **50** »
        Montés sur toile et vernis. . . . . **58** »

Ces tableaux de physique sont indispensables aux écoles qui ne
peuvent, à cause de l'élévation de leur prix, se procurer les appareils
de physique nécessaires aux démonstrations. Leur élégance les
rend propres à l'ornement des salles d'école et les élèves les ayant
toujours sous les yeux retiennent plus aisément les leçons de leur
professeur.

TABLEAUX ZOOLOGIQUES

Collection de 48 sujets. représentant avec une grande exactitude
scientifique les types des principaux animaux, exécutés par des
artistes spéciaux, et peints avec le plus grand soin dans un paysage
donnant une idée exacte du pays où ils vivent. Chaque tableau.
imprimé en couleurs sur papier très fort, mesure 0ᵐ88 sur 0ᵐ66,
Les 36 sujets suivants sont seuls en vente, les autres paraîtront prochainement :

Chimpanzé — Vampire et Ptérope de Java. — Hérisson, Taupe et Rat musqué. —
Martre et Loutre. - Ours brun — Loup. — Lion. — Kanguroo. — Castor. — Dro-
madaire. — Renne. — Buffle. — Eléphant. — Phoque. — Baleine. — Condor. — Aigle.
— Coq de bruyère. — Autruche. — Heron. — Pélican. — Tortue de mer. — Croco-
dile égyptien. — Boa constrictor et Serpent à sonnettes. — Maquereau et Perche. —
Silure et Saumon. — Requin. — Scarabées. — Abeille. — Ver à soie. — Cancroïdes,
Tarentule. — Homard et Cancre. — Seche, Limaçon et Huitre. — Sangsue. — Trichine
Ver solitaire. — Polypes et Coraux.

        Prix de chaque sujet. **2 50**

Les races humaines. — 7 feuilles dont détail ci-dessous.

        Prix de chaque feuille. **3 50**

Les 6 Types principaux réunis. — Famille d'Esquimaux. — Indiens. — Nègres d'Aus-
tralie. — Nègres d'Afrique. — Chinois. — Indous.

15 gravures d'animaux, pour l'enseignement des petits
enfants, représentant les sujets suivants :

Chien. — Chat. — Lièvre. — Cheval — Vache. — Chèvre. — Brebis. — Corbeau.
— Poule et Coq. — Cigogne. — Oie. — Grenouille et Serpent. — Brochet et Carpe. —
Hanneton et Papillon. — Araignée et Ecrevisse. Prix de chaque sujet. . . . **2 50**
        Carton pour serrer les planches. . • . . . . **7** »

TABLEAUX ASTRONOMIQUES

Dressés par Félix Hément, inspecteur général de l'instruction
publique;
Dessinés par FOUCHÉ.

Six tableaux :

Le premier...................................... 4 »
Chacun des cinq autres............................ 2 »
Ensemble...................................... 10 »
Collés sur cartons................................ 15 »

Système planétaire. — Mars, aspect des deux hémisphères. — Comètes et nébuleuses.
— Le Soleil, sa dimension comparée à celle des planètes. — Lune, paysages lunaires. —
Jupiter et Saturne.

Notice des tableaux astronomiques reproduisant les 6 tableaux, avec des explications sommaires............. 1 »

TABLEAUX GÉOGRAPHIQUES

Dressés par Félix Hément, inspecteur général ;
Dessinés par CICÉRI.

Premières notions de géographie, à l'usage des écoles maternelles ou
salles d'asile et du cours élémentaire des écoles primaires.

Collection de 12 dessins, de 0^m60 sur 0^m40 (*imprimés en chromo*),
destinés à faciliter la connaissance des cartes géographiques aux enfants qui abordent l'étude de la géographie. Avec *une notice* album
oblong cart...................................... 15 »

Prix de chaque dessin............................ 2 ».
Carton pour serrer les planches.................... 1 25

1° L'Archipel. — 2° Le Canal, l'Écluse. — 3° Le Cap, la Falaise. — 4° Chemin de fer,
Viaduc, Tunnel, Routes et Cours d'eau. — 5° Le Confluent, les Collines. — 6° Le Cours
d'eau, les Glaciers. — 7° Le Détroit. — 8° Le Golfe, le Volcan. — 9° L'Isthme. — 10° Le
Lac, les Glaciers. — 11° Le Port. — 12° La Vallée, le Torrent.

Termes géographiques (*notice des tableaux géographiques*),
reproduisant les 12 tableaux avec des explications sommaires, petit
in-4, oblong. cart.................................. 1 »

ATLAS SCOLAIRE

Cours complet de géographie —*Cours élémentaire moyen et supérieur*).—Rédigé conformément au programme officiel du 2 août 1882.

— *Livre de l'élève* comprenant 73 cartes et plans et 65 illustrations intercalées dans
le texte, 10 cartes muettes avec questionnaires pour les interrogations, des résumés de
chaque leçon placés à la fin du volume, des notions sur la géographie historique de la
France, sur la lecture des cartes d'état-major et sur les principaux voyages de décou-
vertes. In-4° cart....................................... 2 90

— *Livre du maître* contenant 107 cartes et 109 illustrations intercalées dans le texte
et reproduisant exactement le livre de l'élève avec une page en regard donnant pour le
maître des développements, des *lectures géographiques pour être données en dictées
d'orthographe*, des conseils, etc. 1 vol. in-4°, cart......................... 5 »

Éditions spéciales pour chaque département.
Sont en vente :

Seine, *élève*............................. 3 25
— *maître*........................... 5 50
Seine-et-Oise, *élève*..................... 3 25
— *maître*..................... 5 50
Atlas scolaire, *cours élémentaire.*— In-4°, cart..... » »
Le même, cours moyen. In-4°, cart............ » »
Le même, cours supérieur. In-4°, cart........... » »

CARTES MURALES SCOLAIRES

Dressées conformément aux prescriptions de la commission ministérielle
d'hygiène de la vue par E. Levasseur, membre de l'Institut.

Ces cartes ont été dressées conformément aux prescriptions de la commission ministérielle d'hygiène de la vue. La lecture des divers noms se fait avec une égale facilité pour tous les élèves d'une même classe et cesse à peu près à la même distance pour chacun d'eux. Tous les noms sont écrits horizontalement et leur importance respective est différenciée au moyen de la forme et de l'intensité des lettres.

Carte murale scolaire de la France au $\frac{1}{600,000}$, *en feuilles*.. **13 50**

Collée sur toile, vernie, montée sur gorge et rouleau. . . . . **25** »

Carte murale scolaire de la France au $\frac{1}{1,000,000}$, *en feuilles*. **7 50**

Collée sur toile, vernie, montée sur gorge et rouleau. **16 50**

Carte murale scolaire de l'Europe au $\frac{1}{4,000,000}$, *en feuilles*. **13 50**

Collée sur toile, vernie, montée sur gorge et rouleau. . . . . **25** »

Carte murale scolaire de l'Europe au $\frac{1}{6,000,000}$, *en feuilles*. **7 50**

Collée sur toile, vernie, montée sur gorge et rouleau. **13 50**

Carte murale scolaire de la Terre au $\frac{1}{25,000,000}$, *en feuilles*. **13 50**

Collée sur toile, vernie, montée sur gorge et rouleau. . . . . **25** »

CASIERS THOLLOIS

MÉTHODE UNIVERSELLE DE LECTURE, D'ORTHOGRAPHE ET DE CALCUL

Adoptée par les écoles de la Ville de Paris, par la Société des instituteurs et institutrices de la Seine, etc.

1. Casier-tableau divisé en 56 cases, renfermant 320 lettres majuscules, minuscules, chiffres, signes de ponctuation et d'accentuation. . **10** »

1 *bis*. Tableau-casier, 960 lettres et chiffres. dont 160 rouges et 160 bleus. . . . . **24** »

2. Casier ordinaire, divisé en 40 cases, renfermant 160 lettres et chiffres
   6 »

3. Petit casier, 160 lettres et chiffres, disposé comme le n° 2. . . **2** »

Ce casier a obtenu depuis 1875 : une médaille d'or, deux médailles d'honneur, deux médailles d'argent, une médaille de bronze et un prix offert par le Ministre de l'Instruction publique.

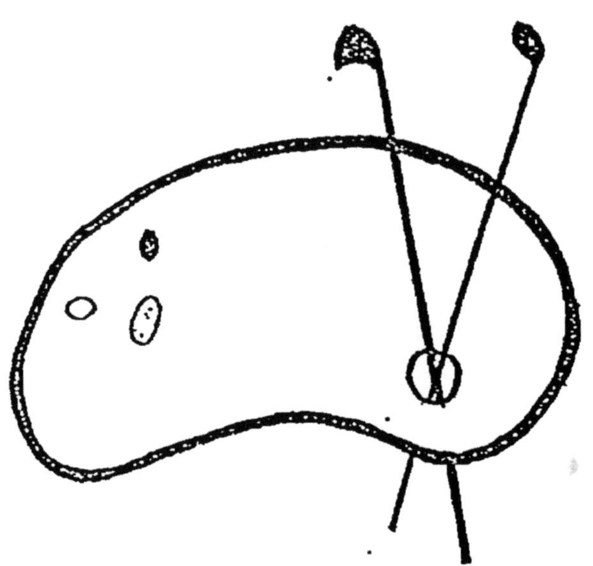

ORIGINAL EN COULEUR
NF Z 43-120-8

9 782016 197950